Contraste insuffisant

NF Z 43-120-14

PÊCHES MARITIMES

ÉTUDE

SUR

L'INDUSTRIE HUITRIÈRE

DES ÉTATS-UNIS

FAITE PAR ORDRE DE S. E. M. LE COMTE DE CHASSELOUP LAUBAT

MINISTRE DE LA MARINE ET DES COLONIES

Suivie de divers aperçus sur l'Industrie de la Glace en Amérique, les Bateaux de Pêche pourvus de Glacières, les Réserves flottantes à Poisson, la pêche du Maquereau, etc.

Par M. P. DE BROCA

Lieutenant de vaisseau, Directeur des mouvements du port du Havre

NOUVELLE ÉDITION

AUGMENTÉE DE DIVERS DOCUMENTS ET DE NOTES

> « Celui qui possède une terre avoisinant
> » le rivage de la mer et ne peut en tirer
> » d'utiles productions, doit chercher un re-
> » venu sur la mer elle-même. »
>
> COLLUMELLE. (*De re Rustica*).

PARIS

CHALLAMEL AINÉ, ÉDITEUR

Libraire-commissionnaire pour les Colonies, la Marine et l'Orient

30, RUE DES BOULANGERS-SAINT-VICTOR

1865

ÉTUDE

sur

L'INDUSTRIE HUITRIÈRE

DES ÉTATS-UNIS

VERSAILLES. — IMPRIMERIE CERF, RUE DU PLESSIS, 59.

PÊCHES MARITIMES

ÉTUDE

SUR

L'INDUSTRIE HUITRIÈRE

DES ÉTATS-UNIS

FAITE PAR ORDRE DE S. E. M. LE COMTE DE CHASSELOUP-LAUBAT
MINISTRE DE LA MARINE ET DES COLONIES

Suivie de divers aperçus sur l'Industrie de la Glace en Amérique, les Bateaux de Pêche pourvus de Glacières, les Réserves flottantes à Poisson, la pêche du Maquereau, etc.

Par M. P. DE BROCA

Lieutenant de vaisseau, Directeur des mouvements du port du Havre

NOUVELLE ÉDITION

AUGMENTÉE DE DIVERS DOCUMENTS ET DE NOTES

> « Celui qui possède une terre avoisinant
> » le rivage de la mer et ne peut en tirer
> » d'utiles productions, doit chercher un re-
> » venu sur la mer elle-même. »
> **COLLUMELLE** (*De re Rustica*).

PARIS

CHALLAMEL AINÉ, ÉDITEUR

Libraire-commissionnaire pour l'Algérie, les Colonies et la Marine
30, RUE DES BOULANGERS-SAINT-VICTOR

1865

RAPPORT

A Son Excellence Monsieur le Ministre de la Marine
et des Colonies.

MONSIEUR LE MINISTRE,

A la fin du mois de mars 1862, Votre Excellence,
sur la demande de M. Coste, membre de l'Institut,
me donna l'ordre de me rendre aux États-Unis, pour
y étudier les procédés de l'industrie huîtrière, et en
rapporter deux espèces de mollusques comestibles,
susceptibles d'être acclimatées sur les côtes de
France.

De retour au Havre, depuis le 2 octobre, je m'em-
presse d'adresser à Votre Excellence un Rapport
sommaire sur ma mission, en attendant que je puisse
lui envoyer un travail plus étendu, comprenant
l'ensemble de mes investigations sur le littoral américain.

Parti de Boston, le 17 septembre, sur le steamer
de la Compagnie Cunard : *Asia,* j'ai débarqué le 29

à Liverpool, après une traversée de douze jours, accomplie dans des conditions de temps assez peu favorables. J'avais pris avec moi une colonie de mollusques, principalement des *Mya Arenaria*, dont je n'ai sauvé, malgré les soins les plus minutieux, que quelques spécimens! Plus heureux avec les *Venus Mercenaria* et les huîtres de la Virginie, j'ai pu en faire arriver deux mille vivantes au Havre, d'où elles ont été immédiatement expédiées à la Hougue-St-Waast.

Avant d'entrer, Monsieur le Ministre, dans les détails de ma mission, permettez-moi de mentionner les circonstances qui l'ont précédée, car il en résulte quelques enseignements utiles à enregistrer.

Vers la fin de l'année 1860, un de mes cousins, M. de Férussac, me parla des ressources alimentaires que le peuple des États-Unis tirait de deux espèces de mollusques marins, la *Mya Arenaria* et la *Venus Mercenaria*, qu'on désigne dans la contrée sous le nom de *Soft Clam* et de *Round Clam*. Ces renseignements m'ayant été d'ailleurs confirmés par plusieurs capitaines américains fréquentant le port du Havre, je m'empressai de les communiquer à M. Coste, en lui proposant, s'il le jugeait convenable, de faire venir quelques spécimens des mollusques en question par les transatlantiques de New-York. Cette proposition immédiatement acceptée, des fonds du Collége de France furent mis à ma disposition, et au mois de mai 1861, l'officier comptable de l'*Arago*, qui avait bien voulu se charger de cette affaire, apporta au Havre une colonie de *Venus Mercenaria* et d'huîtres de la Virginie, dont l'espèce est entièrement différente de celle qui vit sur nos rivages.

Quelque temps après, l'Empereur, dont l'attention est constamment dirigée sur tout ce qui peut concourir à l'accroissement de nos ressources alimentaires, prenait lui-même l'initiative de l'acclimatation générale des mollusques comestibles américains, et M. de Montholon, consul-général de France à New-York, était invité à se concerter, à cet effet, avec le célèbre professeur Agassis, de l'Université de Cambridge, aux Etats-Unis.

M. Coste, Membre de l'Institut, fut chargé par Sa Majesté de prendre, en France, les mesures nécessaires pour assurer le succès de cette utile entreprise.

Au mois de septembre, de la même année, M. Burkardt, dessinateur du Museum d'Histoire Naturelle de Cambridge, partit de Boston avec les espèces suivantes de mollusques et de crustacés réunis par les soins de M. Agassis :

 1° *Mya Arenaria;*
 2° *Venus Mercenaria;*
 3° *Pecten Concentricus;*

— 4 —

4° *Homarus Americanus;*

5° *Mactra Solidissima;*

6° *Mytilus Edulis.*

La traversée d'Europe s'effectua dans de si mauvaises conditions, que la plupart de ces espèces moururent en route; en outre, le steamer n'étant arrivé à Liverpool qu'après le départ du bateau à vapeur du Havre, M. Burkardt fut obligé d'aller s'embarquer à Southampton, après avoir traversé l'Angleterre avec les coquillages encore vivants. Finalement, de toute la colonie emportée de Boston, 200 *Venus* parvinrent seules en France, où elles furent placées dans les parcs de St-Waast, suivant les instructions de M. Coste.

Telles furent, Monsieur le Ministre, les premières tentatives d'acclimatation qui eurent lieu, et si, dans ce rapport, j'en ai mentionné les circonstances, ce n'est pas que j'aie l'intention de revendiquer la moindre part de ce qui fut fait alors; mon seul but est de montrer par l'intervalle de temps écoulé, depuis l'époque à laquelle je reçus les premiers spécimens d'huîtres et de clams, combien leur acclimatation présente de chances de succès, puisqu'ils ont pu vivre depuis dix-sept mois, dans les eaux de la Manche, absolument comme dans la contrée natale.

A la fin de l'année 1861, deux faits importants

étaient déjà acquis à la science; savoir : 1° que les mollusques en question pouvaient supporter facilement la traversée de l'Atlantique; 2° que le régime de nos eaux salées, ne paraissait en rien les affecter; toutefois leur nombre n'était pas suffisant pour qu'on essayât d'ensemencer une petite portion de baie, et toutes les espèces sur lesquelles on voulait expérimenter, n'étaient pas parvenues en Europe. Ces raisons déterminèrent M. Coste à demander à Votre Excellence mon envoi aux États-Unis, non-seulement pour en rapporter une nombreuse colonie de mollusques, mais aussi pour examiner les conditions dans lesquelles devraient être faits les essais, constater la nature des fonds, et le régime des eaux où vivent les animaux à acclimater; enfin pour m'éclairer sur tous les points qui pourraient assurer le succès de l'entreprise. Je reçus, en outre, l'ordre d'étudier les procédés de l'industrie huîtrière, et le 29 mars 1862, je m'embarquai à Liverpool sur le steamer *Asia* desservant la ligne de New-York.

Par des motifs indépendants de ma volonté, mon départ qui aurait dû avoir lieu en février, avait été différé, de sorte qu'à mon arrivée en Amérique, je me trouvai, ma mission n'étant que de deux mois, dans l'obligation de combiner mes travaux de manière à revenir en Europe dans le milieu de juin, époque à laquelle la température rendrait les transports fort difficiles. N'ayant encore que des données fort incertaines sur la manière dont il convenait de traiter les mollusques pour leur faire traverser l'Atlantique, je pensai que le plus sage était de consulter les personnes compétentes du pays; toutes, je dois le dire, elles furent unanimes à me prédire un insuccès, si j'effectuais des envois dans la saison chaude.

En présence d'une opinion aussi nettement exprimée, et après m'être entendu avec M. le Consul-Général de France, je me décidai à faire une expédition immédiate par le steamer *Asia*, dont le capitaine, homme fort intelligent, m'avait fait ses offres de services.

Le 23 avril, je mis à bord 3,000 *Venus Mercenaria* et 600 huîtres de la Virginie, provenant des plantations de la baie de New-York. Quelque temps après, je fis un second envoi de 2,000 *Vénus* par le *Persia*, le plus rapide des navires de la compagnie Cunard. Ici, Monsieur le Ministre, je dois faire observer à Votre Excellence, que la suppression de la ligne Transatlantique du Havre, dont les bâtiments ont été mis en réquisition par le gouvernement Fédéral, pour les nécessités de la guerre, vint déranger mes prévisions, et me mit dans l'obligation de recourir à la voie anglaise. Toutes les causes d'insuccès pour le transport des coquillages se trouvèrent ainsi considérablement augmentées.

Après un séjour de deux semaines à New-York, pendant lesquelles je commençai mes recherches sur l'industrie coquillière, je me rendis à Boston, afin de m'éclairer des conseils de la haute expérience de M. Agassis, pour qui M. Coste m'avait remis une lettre d'introduction.

Avec une bonté et une bienveillance, auxquelles je ne saurais rendre trop d'hommages, l'illustre professeur me fit part des moyens qui pouvaient le mieux assurer le succès de mes travaux. Il m'indiqua les parties du littoral des États du Nord, où je devais plus particulièrement porter mes investigations, et se mit, en un mot, à ma disposition pour les diriger dans la voie la plus fructueuse. Néanmoins, lorsqu'il apprit que mon séjour en Amérique ne devait pas dépasser un mois, il ne me dissimula point combien j'éprouverais de difficultés, par suite d'une mission aussi limitée. Selon lui, les études que j'avais à faire, au point de vue de l'industrie huîtrière, exigeaient à elles seules bien plus de temps qu'on ne m'en avait accordé ; car aux États-Unis, où nul octroi ne permet d'établir la statistique de la consommation des villes, où il n'existe aucune centralisation, où chaque État est régi par des lois particulières, ce n'est que par des recherches personnelles qu'on peut se procurer des renseignements exacts.

Le transport d'une grande quantité de mollusques dans le mois de juin lui paraissait surtout fort hasardé ; aussi m'avoua-t-il qu'en raison même de l'intérêt qu'il portait à une entreprise, due tout entière à l'initiative de Sa Majesté, il ne redoutait rien tant qu'un insuccès, qui, sans rien prouver contre l'œuvre elle-même, pourrait cependant la compromettre et entraîner son abandon.

Devant de pareilles considérations, Monsieur le Ministre, je n'avais évidemment qu'à m'incliner, mais comme, avant tout, je tenais à ne point agir sans des ordres précis de Votre Excellence, je priai M. Agassis d'écrire à M. Coste, en lui développant les motifs qui exigeaient la prolongation de mon séjour aux États-Unis.

Le 27 avril, je reçus de Cambridge la lettre suivante :

« Je viens d'expédier une longue lettre à M. Coste,
» conforme à l'opinion que je vous ai soumise sur la
» nécessité de prolonger votre séjour aux États-Unis,
» pour atteindre le but de votre mission. Je crois
» qu'il est indispensable que vous passiez ici la sai-
» son chaude afin de vous mettre au courant de
» ce qui se fait pour la pêche et la conservation des
» huîtres, et que vous attendiez l'automne pour ex-
» pédier avec plus de chance de succès les mollus-

» ques que l'on se propose d'acclimater sur les côtes
» de France, etc.

Signé : Agassis. »

Décidé désormais à attendre une réponse de Votre Excellence, je commençai à Boston des expériences, pour m'assurer du traitement qu'il convenait d'appliquer aux mollusques, en vue d'une traversée d'Europe. J'achetai donc une certaine quantité de clams et d'huîtres de la Virginie qui, placés dans des cuves, sur une couche de gravier, furent abreuvés, matin et soir, avec de l'eau de mer bien pure qu'on allait chercher à quelque distance du port. Les cuves étaient vidées après que l'eau avait séjourné une heure environ sur les coquillages ; ces expériences donnèrent les résultats suivants :

Peu de temps après avoir été placées dans les cuves, les myes avaient dépéri visiblement, et le douzième jour il n'en restait aucune de vivante. De ce côté l'insuccès était à peu près complet.

Les Vénus et les huîtres, au contraire, se trouvèrent si bien de ce mode de traitement, qu'un mois après elles étaient en aussi bon état que le premier jour, la mortalité ayant été insignifiante et pouvant être attribuée à plusieurs causes. Pendant mes absences, M. Higgins, planteur et expéditeur d'huîtres, voulut bien se charger de suivre ces expériences, dont il me tint constamment au courant.

Les succès obtenus sur les huîtres et les Vénus m'inspirèrent une telle confiance, que le 28 mai j'en embarquai dix paniers sur le steamer *Europa*, partant de Boston.

Dans les premiers jours du mois de juin, ayant été informé par une dépêche de l'amiral de la Roncière, que Votre Excellence avait bien voulu prolonger la mission, je me mis en mesure de continuer les envois.

Le 10 juin, M. le capitaine de vaisseau de Selva, commandant la frégate *la Bellone*, se chargea d'apporter en France des huîtres et des Vénus, ainsi qu'une quarantaine de tortues d'eau douce, que j'envoyais à M. Coste, à titre de spécimens des espèces américaines. De nouvelles expériences, accomplies sur le littoral de l'île Long-Island, m'ayant démontré la possibilité de conserver des myes hors de leur élément, pendant une vingtaine de jours, même dans la saison chaude, j'embarquai, le 18 juillet, 800 de ces mollusques sur l'*Europa*, avec six paniers d'huîtres de la baie de la Delaware. Les myes, enterrées dans des caisses remplies de sable, comme dans leurs gisements naturels, furent arrosées d'eau salée plusieurs fois par jour pendant la traversée, et j'ai appris depuis que 400 d'entre elles sont arrivées vivantes à St-Wast.

Le 29 Juillet, le *Persia* emporta 2,000 Vénus, et

le 10 août, je mis trente tortues d'eau douce à bord de l'*Australasian*; enfin, les 3 et 10 septembre, j'expédiai, par les steamers anglais, plusieurs milliers de mollusques.

Tous ces envois, Monsieur le Ministre, ainsi que je l'ai appris depuis mon retour au Havre, n'ont pas été également heureux. Sur trente mille coquillages environ que j'ai fait partir d'Amérique, en y comprenant ceux que j'ai apportés avec moi et ceux qui vont arriver incessamment, on ne peut guère compter sur plus du tiers. Il est certainement regrettable qu'une quantité plus considérable n'ait point échappé aux périls de la traversée, mais ce résultat ne saurait étonner, quand on songera que j'ai été forcé de confier les colonies de mollusques à des personnes ne prenant, en définitive, qu'un intérêt médiocre à leur conservation. A chaque envoi, je remettais à bord du bâtiment une note d'instructions, mais j'ai tout lieu de penser qu'elles n'ont pas été suivies avec soin par les agents inférieurs chargés d'en assurer l'exécution. Du reste, ainsi que j'ai déjà eu l'honneur de le dire à Votre Excellence, rien n'a été plus fâcheux pour le succès de ma mission, que la suppression de la ligne américaine du Havre, attendu que l'embarquement des mollusques, sur les steamers anglais, nécessitait leur transbordement à Liverpool sur un second navire, les faisait passer

par plusieurs mains, augmentait la durée des traversées, et, en fin de compte, multiplait toutes les
causes de mortalité.

Les Directeurs de la compagnie Cunard, à New-
York et à Boston, m'ont cependant prêté le concours
le plus empressé ; et dès qu'ils ont appris que mes
envois étaient destinés à une œuvre d'utilité publique, ils ont constamment refusé de recevoir aucune rémunération pour les transports.

Quoi qu'il en soit, Monsieur le Ministre, je pense
qu'il y a maintenant à Saint-Wast tout ce qui est
nécessaire pour l'essai d'acclimatation projetée, et
j'ajouterai qu'avec les relations que j'ai maintenant à New-York, et surtout avec les arrangements éventuels que j'ai pris à Liverpool, avec le
Directeur de la compagnie Cunard, rien ne sera
plus facile que de faire venir durant l'hiver de
nouvelles colonies de mollusques, si on le juge nécessaire.

Pendant mon séjour aux États-Unis, j'ai parcouru
successivement les parties du littoral des États du
Nord, où l'industrie huîtrière est dans l'état le plus
florissant.

La guerre m'a empêché, il est vrai, de visiter les
gisements d'huîtres et les plantations de la baie de
Chesapeake, mais comme en définitive les procédés
de culture sont les mêmes partout, je n'aurais pu y

recueillir que des documents identiques à ceux que j'avais déjà.

Dans mes excursions, m'étant trouvé à chaque instant en rapport avec des personnes s'occupant des pêches cotières, j'en ai profité pour recueillir des documents qui m'ont paru devoir intéresser les industries similaires que nous avons en France. A New-London, où j'étais allé visiter des pêcheries de clams, j'ai fait relever les plans de plusieurs bateaux pêcheurs construits par M. Becwith, un des meilleurs constructeurs de ce genre de bâtiments. J'apporte pour le bureau des pêches, les plans d'un cutter ayant un vivier, d'un schooner ayant une glacière, et d'un second schooner ayant à la fois, un vivier et une glacière.

Depuis mon arrivée en Amérique, jusqu'à mon départ, j'ai envoyé à M. Coste, sous la direction duquel j'ai été spécialement placé par Votre Excellence, différents travaux sur l'industrie de la glace aux États-Unis, et son emploi comme moyen de conservation du poisson, sur l'installation des viviers et des glacières à bord des bateaux pêcheurs, sur les réserves flottantes à poisson établies dans les ports, sur l'industrie du homard à Boston, sur la pêche du maquereau, et sur celle du flétan que nos pêcheurs de Terre-Neuve auraient tant d'intérêt à combiner avec celle de la morue. Tous ces rapports complétés par des renseignements ultérieurs seront annexés au Mémoire que j'aurai l'honneur de remettre incessamment à Votre Excellence.

Dans le cours de mes études, Monsieur le Ministre, je me suis principalement attaché à voir le côté pratique des choses et à les juger impartialement, en faisant, autant que possible, abstraction de mes préjugés nationaux. Un procédé m'a-t-il paru nouveau ? je l'ai examiné avec attention, et je me suis bien gardé de le repousser, par cela seul, qu'il n'était point usité en France. Egalement me suis-je défendu d'une admiration trop enthousiaste pour certains faits séduisants au premier abord, et n'ai-je point accepté sans contrôle les renseignements qu'on me fournissait. Aux États-Unis, plus que partout ailleurs peut-être, il ne faut admettre les assertions que sous bénéfice d'inventaire, car avec des dehors froids, sérieux et réservés, les Américains du Nord sont singulièrement portés à l'exagération, toutes les fois qu'il est question du commerce, de l'industrie ou de l'excellence de leur pays. Cet amour-propre extrême, qui ne manque pas d'une certaine grandeur, forme un des traits les plus saillants de leur caractère.

Durant mes investigations sur l'industrie huîtrière, on m'a fourni à chaque instant des renseignements en contradiction les uns avec les autres et quelquefois même entièrement erronés.

A New-York, à Boston, à Philadelphie, etc., malgré toutes les recherches que j'ai faites dans les bibliothèques et chez les libraires, il m'a été impossible de trouver un seul ouvrage traitant de l'industrie coquillière, et tout ce qu'on m'a montré, se réduisait à des documents de statistique fort incomplets ou à des articles de journaux, envisageant la question au point de vue commercial. Quant à la culture des mollusques, à leur plantation, pour me servir de l'expression américaine, il m'a fallu l'apprendre tout entière en allant visiter les établissements et en faisant causer les pêcheurs; je n'ai eu du reste qu'à me louer de la population maritime, et une fois la première glace rompue, je l'ai trouvée en général fort obligeante, et prête à me fournir les indications qui m'étaient nécessaires.

En terminant, Monsieur le Ministre, je crois devoir exprimer toute ma reconnaissance pour le bienveillant appui que j'ai trouvé en Amérique auprès de Messieurs les Consuls de France à New-York et à Boston. De même, que Votre Excellence me permette de lui dire que je conserverai comme un titre d'honneur, le souvenir de la faveur qu'elle m'a accordée, en me chargeant d'une mission qui m'a mis étroitement en rapport avec des savants aussi éminents que MM. Coste et Agassis.

Pour un officier désireux de s'instruire, une telle faveur est une grande récompense.

J'ai l'honneur d'être, avec le plus profond respect,

De Votre Excellence, Monsieur le Ministre,
Le très-obéissant serviteur,

*Le Lieutenant de Vaisseau de la Marine Impériale,
Directeur des mouvements du Port du Havre;*

Signé : DE BROCA.

PREMIÈRE PARTIE

ÉTUDE

SUR

L'INDUSTRIE HUITRIÈRE

DES ÉTATS-UNIS

ACCLIMATATION EN FRANCE

Des Mollusques comestibles de cette contrée.

ÉTUDE SUR L'INDUSTRIE HUITRIÈRE

AUX ÉTATS-UNIS.

CHAPITRE PREMIER

INTRODUCTION

L'aphorisme de Brillat-Savarin : « La découverte d'un mets nouveau fait plus pour le bonheur du genre humain que la découverte d'une étoile, » n'a jamais été plus vrai qu'à notre époque, où l'accroissement continuel de la population soulève chaque jour le grave problème de l'alimentation publique. — Sur un territoire comparativement restreint, la France compte aujourd'hui près de quarante millions d'habitants, et malgré la fertilité du sol, le perfectionnement de l'agriculture, l'élevage de nombrenx troupeaux, nous ne saurions nous dissimuler que la production des denrées alimentaires commence à n'être plus en rapport avec la consommation. Dans les années où les récoltes de céréales sont au-dessous de la moyenne, nous devons même recourir aux nations étrangères pour combler le déficit, et, disons-le hautement, si, dans ces derniers temps le peuple n'a pas eu à souffrir de fâcheuses privations, il le doit uniquement à la prévoyante sollicitude du gouvernement, qui a su prendre à temps les mesures nécessaires pour conjurer les calamités. Ce serait un tort, néanmoins, que de s'endormir dans une fausse sécurité, et mieux vaut reconnaître qu'il y a là un danger permanent auquel il faut porter remède, car il peut surgir telle éventualité, une guerre par exemple, qui, dans un moment donné, sera de nature à paralyser les meilleurs efforts, et empêcher l'arrivée des denrées alimentaires nécessaires à nos besoins.

Assurer la nourriture des populations en faisant profiter l'agriculture des découvertes de la science, encourager les laboureurs, repeupler les cours d'eau si appauvris, exploiter le littoral maritime, créer, en un mot, des ressources plus abondantes et moins chères, telle est évidemment la mission que doivent poursuivre avec persévérance tous ceux qui ont à cœur la grandeur et la prospérité du pays.

Parmi les moyens qui sont en notre pouvoir pour atteindre un but si désiré, un des plus puissants, sans contredit, consiste à acclimater en France les végétaux et les animaux comestibles vivant à l'étranger. Dans les végétaux, que d'exemples d'acclimatation accomplis ne pourrait-on pas citer, et, pour ne plus parler que d'un seul, disons qu'une modeste plante, la pomme de terre (1), importée d'Amérique au seizième siècle, a produit dans l'économie publique une telle révolution, que des populations entières lui doivent maintenant de voir leur subsistance assurée ! — Le maïs est dans le même cas.

Parmi les espèces animales, les acclimatations ont aussi apporté un large contingent à la richesse nationale. Les chevaux arabes, les mérinos d'Espagne ont régénéré nos races abâtardies, le dindon des États-Unis, la pintade d'Afrique, les coqs de la Chine et de l'Inde, les canards de Barbarie, diverses espèces de pigeons, etc., peuplent nos fermes par milliers, et, par le croisement avec les espèces indi-

---

(1) « La pomme de terre fut apportée en Irlande, en 1545, par le capitaine John Hawkins ; elle fut cultivée dans le Lancashire, en 1684, dans la Saxe, en 1717, en Ecosse, en 1728, et dix ans plus tard, elle se répandit en Prusse. En France elle était cultivée dans quelques provinces, dès le règne de Louis XV, mais c'est Parmentier qui, à la fin du dernier siècle, contribua le plus à la faire apprécier et à la propager dans notre pays.

LŒILLET, *Encyclopédie morale.*

gènes, fournissent des produits plus grands et plus savoureux.

Depuis quelques années, la Société Impériale d'Acclimatation fait les plus louables efforts pour doter la France d'éléments nouveaux d'industrie et d'alimentation, et, à son exemple, des sociétés analogues, formées dans les départements, concourent avec elle à cette œuvre si éminemment patriotique. C'est ainsi que l'hémione, entièrement domestiquée, est à la veille de prendre place dans l'industrie chevaline, dont elle sera l'un des plus gracieux ornements ; que les chèvres d'angora vivent sur plusieurs points de la France, sans qu'on ait encore observé aucune dégénérescence dans leur nature ; que de jeunes autruches, nées et élevées dans les jardins zoologiques d'Alger et de Marseille, nous font espérer que le moment n'est pas éloigné où la chair de ces oiseaux prendra rang parmi les viandes de boucherie les plus estimées ; bien d'autres entreprises, enfin, qu'il serait trop long d'énumérer, sont en cours d'expérimentation, avec des chances de succès du meilleur augure.

D'où vient, cependant, que parmi tant d'essais on en compte si peu qui aient eu pour objet les poissons, les crustacés et les mollusques ? Dans les temps modernes, à part la carpe et le cyprin doré de la Chine, poisson purement de luxe et sans grande utilité, on ne peut citer que bien peu de faits, car l'introduction dans nos cours d'eau, de poissons vivant dans des localités peu éloignées, ne constitue pas une acclimatation dans l'acception rigoureuse du mot. (1). L'essai tenté sur le gouramy de la Chine, le plus succulent de tous les poissons d'eau douce, est resté jusqu'ici sans résultat; mais, chose précieuse à enregistrer, on est parvenu à lui faire franchir une étape vers l'Europe, et actuellement il en existe de nombreux spécimens à l'île Maurice. Quant aux mollusques comestibles, la première entreprise d'acclimatation qu'on puisse mentionner, est probablement celle qui se poursuit aujourd'hui sur l'huître de la Virginie et la *Venus Mercenaria*, que j'ai été chargé d'importer en France.

Avant la découverte de la vapeur et des chemins de fer, ces deux grands leviers de l'activité moderne, les transports des productions marines ou fluviales étrangères, présentaient d'immenses diffi-

---

(1) La carpe fut introduite en Angleterre en 1514, par Marshal et en Danemark en 1550, par Pierre Oxe. De nos jours, M. Coste a naturalisé dans nos eaux l'ombre chevalier. Au commencement du siècle, Péron et Lesueur tentèrent en vain d'apporter le gouramy en France, et quelques années plus tard, le capitaine Philibert suivit leur exemple sans plus de succès; néanmoins il conserva le dernier poisson survivant jusqu'en vue des côtes de France.

cultés. Le peu de rapidité de la navigation à voiles constituait évidemment une condition trop défavorable, à laquelle venait s'ajouter encore l'absence de toute étude préliminaire pour guider les voyageurs dans la manière dont ils devaient opérer. Avec de la persévérance, la chose n'était cependant pas impossible, comme le prouvent l'importation du gouramy à l'île Maurice, et quelques autres faits recueillis par l'histoire (1).

De nos jours, en 1824, M. Milbert, voyageur du Museum d'Histoire Naturelle, parvint à amener au Havre quelques poissons des États-Unis ! Malheureusement toute la colonie périt à l'arrivée, par l'incurie d'un capitaine qui la laissa sur le pont pendant une forte gelée d'hiver. Milbert ne se consola jamais de cet insuccès. Autre exemple encore : il y a vingt-cinq ans environ, un négociant américain fit jeter dans la rade de Boston un chargement

---

(1) Dans l'antiquité, les Romains, non contents d'avoir naturalisé, dans quelques lacs d'Italie, le *Vulsinum* et le *Ciminus*, différentes espèces de poissons, vivant à l'embouchure des fleuves, introduisirent encore dans la mer de Toscane, le *scare* des mers de Syrie. Cette entreprise remarquable fut accomplie sous le règne de Claude, par un de ses affranchis, Elipertius-Optatus, qui commandait la flotte romaine. Les *scares* furent apportés dans des bateaux-viviers, et pendant quelques années, tous ceux que prirent les pêcheurs dans leurs filets, furent soigneusement rejetés à la mer.

de *black-fish* (perche-noire), pris dans la baie de New-York, et conservés dans un bateau-vivier. Depuis cette époque, ces poissons inconnus autrefois dans les parages de Boston, s'y sont multipliés au point que les pêcheurs en capturent journellement quelques-uns. Disons-le, du reste, si à l'époque où les bâtiments à voiles étaient les seuls moyens de transport, les entreprises d'acclimatation des poissons et des mollusques n'ont pas été plus nombreuses, c'est que véritablement le besoin ne s'en faisait pas sentir. Avant que les cours d'eau de la France eussent été emménagés pour les besoins de l'industrie, ils étaient très-poissonneux, et il n'y a pas si longtemps déjà que dans certaines localités de la Bretagne, les domestiques, à l'instar des paysans écossais, ne voulaient se louer qu'à la condition de ne pas manger de saumon plus de trois fois par semaine.

L'augmentation des récoltes par une agriculture mieux entendue, l'élevage des troupeaux. le perfectionnement des races, etc., se présentait alors plus naturellement à l'esprit, pour accroître les ressources alimentaires, que des entreprises considérées à bon droit comme fort précaires. De nos jours, il n'en est plus de même : les fleuves et les rivières, par suite d'un déplorable aménagement, ne donnent plus que d'insignifiants produits; les bancs d'huîtres, les gisements de mollusques comestibles se dépeuplent de jour en jour, et il faut absolument recourir aux sciences fécondes de la pisciculture et de l'ostréiculture pour réparer les destructions.

D'une autre part, à aucune époque on ne s'est trouvé dans de meilleures conditions pour mener les projets d'acclimatation à bonne fin. Les bateaux transatlantiques et autres, rayonnant vers tous les continents, ont ouvert des communications régulières avec les contrées les plus éloignées du globe, et la perfection des constructions navales, ainsi que la rapidité des traversées, ont en outre atteint à peu près tout ce qu'on peut demander au génie humain (1).

Les moyens de transport existent aujourd'hui sur la plus grande échelle, sans compter que les bâtiments de la Marine Impériale pourront concourir à ces utiles travaux, et recevoir même, dans certains cas, des installations spéciales, incompatibles avec le service des steamers du commerce.

Les poissons et les mollusques, ne l'oublions pas,

---

(1) Pour ne parler que de la France, Marseille, à part son service de la Méditerranée, vient d'en établir un second sur l'extrême Orient. Bordeaux en a un sur le Brésil et la Plata. Saint-Nazaire, un sur les Antilles et le golfe du Mexique, et certainement dans le courant de cette année, le port du Havre inaugurera la ligne des États-Unis.

présentent d'incontestables avantages sur les autres animaux, non-seulement par la rapidité avec laquelle ils se multiplient, dès qu'ils sont acclimatés, mais encore parce que les dépenses premières sont infiniment moins élevées. Seuls, parmi les êtres que l'homme soumet à son pouvoir, ils vivent dans un milieu où ils savent trouver d'eux-mêmes une nourriture qu'on n'est point obligé de leur fournir à grands frais, et qui, dans aucun cas, n'est prélevée sur nos besoins, ainsi que cela arrive pour le gibier. Des quadrupèdes étrangers parviennent-ils à s'accoutumer au climat de la France, il faudra toujours attendre de longues années avant d'avoir des produits nombreux, sans compter que les maladies peuvent tout compromettre. Que de mécomptes la Société d'Acclimatation n'a-t-elle pas éprouvés pour l'acclimatation des lamas et des alpacas! Avec les oiseaux on est dans des conditions un peu meilleures, mais néanmoins leur reproduction est également lente, tandis qu'avec les poissons et les mollusques, dès que quelques spécimens seront acclimatés au régime de nos eaux, la reproduction atteindra en quelques années des proportions considérables, car chez la plupart de ces espèces, les germes se comptent par milliers. Tout le monde connaît l'étonnante faculté de reproduction que possèdent les huîtres et les moules. Les naturalistes ont compté les œufs par centaines de mille chez le brochet, par un demi-million chez la carpe et le maquereau, six millions chez la plie, ce qui explique la pullulation prodigieuse de ce poisson dans les étangs de la Frise orientale, où les Hollandais l'ont introduit au commencement du siècle. Enfin, selon M. le professeur Valenciennes, on ne compte pas moins de treize millions d'œufs chez le muge à grosses lèvres. On voit, par ces exemples, qu'il serait facile de multiplier, combien il s'attache d'intérêt à l'acclimatation d'espèces possédant la faculté créatrice, à un degré aussi remarquable.

La question du gouramy va sans doute être prochainement reprise au moyen des bateaux à vapeur de l'Indo-Chine et de ceux qui desservent la ligne d'Alexandrie.

Pendant mon séjour aux États-Unis, bien que ma mission se rapportât plus particulièrement à l'acclimatation des mollusques, j'ai cependant étendu mes recherches sur d'autres espèces utiles. Dans le nombre, je mentionnerai les *tortues terrapins* qui vivent aux embouchures des fleuves ainsi que dans les marais d'eau saumâtre, et sont si délicates à manger; le homard américain, plus grand, mais peut-être moins savoureux que le nôtre, et plusieurs tortues exclusivement d'eau douce, parmi lesquelles la *red-belly*, est une des plus estimées.

Prochainement, le savant Directeur du Muséum de Cambridge (Massachusetts) expédiera en France un nombre suffisant de spécimens de cette dernière espèce pour que l'on puisse tenter un essai d'acclimatation dans les étangs des environs de Paris.

Parmi les poissons d'eau douce, la grande truite des lacs (*Salmo-Amethystus*), et le white fish (*Correganus-Albus*) seraient de véritables conquêtes pour l'icthyologie française si l'on pouvait parvenir à les transporter en Europe. M. Agassis (1), dont l'opinion fait autorité en pareille matière, regarde la fécondation artificielle comme un moyen certain de réussir dans cette entreprise signalée par lui à l'Empereur, et dont j'ai eu moi-même l'honneur d'entretenir Sa Majesté pendant l'audience qu'elle a daigné m'accorder à Saint-Cloud.

Quoi qu'il en soit de l'avenir de ces projets, men-

. (1) L'illustre professeur est d'avis que le gouvernement français devrait entreprendre l'acclimatation du nandou, qui, bien mieux que l'autruche du Sahara, est susceptible d'être naturalisé en France, par le seul fait qu'il vit dans une contrée tempérée.

En 1860, j'ai signalé à M. Coste la moule perlière comme pouvant être introduite sur les côtes de l'Algérie ; et j'ai même ouvert à ce sujet des relations avec un négociant grec, d'Alexandrie, qui s'est occupé de la pêche des perles dans la mer Rouge.

Dernièrement, M. Lamiral a publié dans le *Bulletin de la Société Impériale d'Acclimatation* un article fort intéressant sur cette matière.

2.

tionnés uniquement pour montrer combien de richesses nous pouvons encore conquérir, je les laisserai maintenant de côté pour m'occuper de l'acclimatation des mollusques qui a fait l'objet de mon voyage en Amérique. Cette question exige d'ailleurs d'assez longs développements pour être appréciée à sa juste valeur.

A part l'huître commune et la moule, le littoral maritime de nos deux mers est singulièrement pauvre en bonnes espèces de mollusques comestibles. Quelques coquilles Saint-Jacques sur les côtes de Bretagne, quelques espèces de Vénus peu abondantes dans les baies de l'Océan et de la Méditerranée, quelques Cardiums..., etc. Voilà à peu près à quoi se réduisent nos ressources. L'Amérique du Nord, au contraire, sur les rivages baignés par l'Atlantique, présente de telles richesses coquillières, qu'elle est probablement la contrée du globe la plus favorisée pour ce genre de productions (1). L'huître,

---

(1) « Au point de vue de l'industrie de la pêche, le littoral américain présente une conformation unique au monde. Depuis le cap Féar jusqu'à l'extrémité nord de l'île Long-Island, presque partout entre l'Océan et la terre ferme, sont interposées d'étroites bandes sablonneuses (sandy beaches) qui courent parallèlement au rivage, à une distance de un à plusieurs milles. Ce sont tantôt des îles, tantôt des presqu'îles ayant quelquefois une grande longueur, sur une largeur qui varie depuis quelques mètres jusqu'à un demi-mille. Ces langues de sable déterminent une foule de baies, de

dont on distingue trois espèces, forme sur les côtes des bancs immenses dont la pêche verse chaque année dans la consommation publique, une masse de produits dont nous ne saurions nous faire une idée en Europe; en outre, dans les baies, dans les bras de mer, les détroits, etc., on rencontre à chaque instant des gisements de mollusques comestibles connus sous le nom général de clams, et dont les plus importants sont : le soft-clam et le round-clam (*Mya Arenaria* et *Venus Mercenaria*) des naturalistes.

Les huîtres, les Venus Mercenaria et les Myes des sables, pour ne parler que de ces trois espèces, entrent aujourd'hui pour une si large part dans l'alimentation publique, que de grandes privations résulteraient certainement du manque de cet aliment.

Dans la ville de New-York, le centre le plus populeux des États-Unis, le commerce des huîtres est estimé annuellement à 35 millions de francs, et dans

---

sunds, de lagunes, etc., dans les conditions les plus favorables pour la multiplication des poissons et des mollusques. En outre, comme les ouvertures communiquant avec la mer, sont peu nombreuses, il en résulte que dans les endroits où viennent aboutir des fleuves ou des rivières, la salure des eaux est moins forte qu'au large, ce qui augmente encore les chances de production de certains poissons et mollusques, notamment des huîtres. »

toute la contrée il est évalué à 100 millions ; toutefois, ces chiffres, malgré leur élévation, ne présentent nullement la valeur totale des produits, attendu que sur les côtes, les pêcheurs et les riverains en font une consommation journalière qui échappe à l'estimation.

En 1859, le *Merchant's Magazine and Commercial Review* établissait ainsi le commerce des huîtres dans les principales villes de l'Union :

Virginie............	1,050,000	Boisseaux.
Baltimore..........	3,500,000	»
Philadelphie......	2,500,000	»
New-York..........	6,950,000	»
Fair-Haven.......	2,000,000	»
Autres villes, telles que { Boston............ Providence, etc. }	4,000,000	»
Total en Boisseaux......	20,000,000	

A quatre cents huîtres de taille moyenne seulement par boisseau, on arrive au chiffre énorme de *huit milliards* de mollusques consommés !

La même année, dans l'*American Institute*, M. Meigs écrivait qu'à New-York on payait, pour l'achat des huîtres nécessaires à la consommation de la ville, plus d'argent que pour la viande de boucherie. L'emploi de cette nourriture est tellement entré dans les habitudes de toutes les classes de la population, qu'il n'est pas de localité, pour ainsi dire, qui n'en reçoive un approvisionnement, et grâce aux chemins de fer et aux voies navigables, les huîtres en écaille, en chair crue conservée dans la glace, en marinade, en boîtes scellées au bain-marie, etc., pénètrent maintenant sous toutes les formes, jusque dans les parties les plus reculées de l'Amérique du Nord. Les villes de Fair-Haven, de Boston et de Baltimore sont à la tête de ce commerce intérieur, qui pendant six mois de l'année, procure du travail à un grand nombre d'ouvriers.

Le soft-clam, en tout semblable à la mye des sables, qui vit dans les mers du Nord de l'Europe et notamment en Ecosse, pullule tellement sur le littoral de la Nouvelle-Angleterre, que malgré une pêche incessante, ses gisements ne paraissent pas diminuer. Commun dans l'Etat de New-York, sa véritable patrie est néanmoins plus au Nord, où on le rencontre jusque sur les côtes de l'île de Terre-Neuve, mais nulle part il n'est aussi abondant que sur les grèves des Comtés d'Essex et de Barnstable dans le Massachusetts. — En 1841, le docteur Gould, dans son histoire naturelle des invertébrés, évaluait à plus de dix mille boisseaux la quantité de soft-clams consommée dans le Massachusetts, mais ce chiffre, basé probablement sur ce que vendaient les pêcheurs de profession, ne saurait donner une idée de la consommation réelle, vu que les réglements accordent à chaque citoyen de l'État, le droit de pêcher autant de mollusques qu'il lui en faut pour la nourriture de sa famille. Ici encore, aucune évaluation, même approximative, n'est possible. Ce qu'il y a de certain, c'est qu'il se consomme à Boston des quantités énormes de soft-clams pour la confection de ces excellentes soupes de coquillages, si appréciées des Américains ! les myes fournissent en outre un des meilleurs appâts que l'on connaisse pour la pêche de la morue, et tous les ans, les industriels du Massachusetts en salent des milliers de barils pour les pêcheries du grand banc de Terre-Neuve. Fraîchement pêchées, elles se vendent sur les quais de Boston, 75 cents le boisseau. (1)

---

(1) En général, à part les huîtres et les moules, nos populations de l'Océan consomment peu de mollusques. Dans les localités mêmes où quelques autres espèces comestibles sont cependant abondantes, il n'y a guère que les classes pauvres qui en mangent, et le préjugé qu'ont tant de personnnes contre ces produits de la mer, est d'autant plus absurde, que nous voyons dans la Méditerranée les populations riveraines, notamment les Provençaux et les Italiens, en faire leurs délices.

Qui ne connaît la passion des Marseillais pour les praïres, les clovisses et les oursins, que les Bretons et les Normands dédaignent, bien que ces coquillages soient réellement excellents et puissent en été suppléer au manque des huîtres. Les seiches et les calmars, si appréciés dans le midi, sont presque un objet de dégoût

Le Round-clam, mollusque de grande taille, très analogue quant au goût à la Venus Verrucosa (praïre double des Marseillais) vit comme elle dans les baies abritées et peu profondes, où il se plaît à labourer les sables vaseux. Aussi prolifique que que la mye, il abonde sur le littoral des États-Unis, situé au sud du cap Cod, qui paraît être sa limite vers le nord. On en trouve cependant quelques spécimens jusque dans les parages du cap Ann, mais ils n'y sont l'objet d'aucune industrie.

Les pêcheries les plus importantes que j'aie visitées, sont celles des environs de New-York, de la grande baie du sud de Long-Island, de la baie de New-Haven et du cap Cod. On consomme, à New-York et à Philadelphie, pendant l'été, une grande quantité de round-clams, qui remplacent dans cette saison les huîtres que quelques personnes regardent comme malfaisantes, et soit qu'on les mange crus ou cuits, ils constituent, dans les deux cas, une excellente nourriture. Huîtres de Virginie, Venus Mercenaria et Mya Arenaria, telles sont les trois espèces de bivalves dont l'acclimatation se poursuit aujourd'hui sur nos côtes, avec des chances qui permettent

---

dans le nord, malgré la qualité de leur chair, qui se prête à une foule de préparations culinaires, et c'est à peine si quelques pêcheurs font exception à la prévention générale.

d'augurer une réussite complète, au moins pour les deux premières. Quant à la troisième, dont je n'ai pu apporter que quelques spécimens, il y aura lieu probablement de la remplacer par l'espèce vivant en Écosse, d'où il sera aisé d'en faire venir une colonie pour ensemencer une portion de grève (1).

Depuis que j'ai pu constater par moi-même les ressources alimentaires que les Américains retirent des mollusques en question, et principalement de l'huître, je pense que c'est sur ce dernier coquillage que doivent plus spécialement porter les efforts de la Marine Impériale.

Ce n'est pas que dans mon esprit je n'attache aussi une grande importance à l'acclimatation des mya et des Venus Mercenaria, mais comme ces deux espèces se développent lentement, ainsi que j'ai pu m'en convaincre par l'examen de spécimens de différents âges, il faudra nécessairement attendre plusieurs années avant de les avoir en nombre suffisant pour les livrer à la consommation. — L'huître, au contraire, aussi féconde que la nôtre, se développe en outre avec une si grande rapidité, que plusieurs personnes dignes

---

(1) Depuis la première publication de ce travail dans la *Revue maritime et coloniale* (*Paris,* Challamel), j'ai appris qu'on trouvait à Dunkerque, dans le bassin des chasses, une espèce de mya absolument semblable à celle des États-Unis. Il ne s'agit donc plus d'acclimater, mais de propager sur les autres points du Littoral ce bivalve précieux.

de foi m'ont assuré qu'un de ces mollusques planté en avril ayant sept à huit centimètres de longueur, pouvait croître de plus de moitié, avant la fin de l'automne suivant.

J'ai moi-même constaté que les huîtres plantées dans la baie de New-Haven, avaient grandi deux mois après, de plus d'un centimètre et demi. Dans mes courses sur le littoral, j'ai mangé des huîtres provenant des plantations les plus renommées, et presque partout, je dois le dire, je leur ai trouvé ce goût un peu fade, qui est un des caractères les plus marqués de l'espèce (1); toutefois, dans le Massachusetts, j'en ai goûté de beaucoup plus salées, ce qui provient à la fois de la nature particulière des eaux et des terrains maritimes où elles sont cultivées.

Comme nourriture consommée crue, il est probable qu'elles ne seront jamais aussi appréciées des gourmets que nos bonnes qualités indigènes; mais en revanche, elles seront l'objet d'une préférence marquée, dès qu'il s'agira de les mariner, de les mettre en conserves, ou de les soumettre aux préparations culinaires, auxquelles elles se prêtent sans perdre aucune de leurs propriétés nutritives. Il est, je crois,

---

(1) Les marchands d'huîtres divisent ces mollusques en huîtres douces et en huîtres salées; ces dernières proviennent des fonds sous-marins où les eaux de la mer ne sont point mélangées d'eau douce.

difficile de manger quelque chose de plus délicat, que certains plats d'huîtres qu'on prépare dans les bons restaurants de New-York, chez Delmonico, par exemple.

A mon avis, l'acclimatation de cette espèce, susceptible d'un engraissement rapide, plus riche d'ailleurs que la nôtre en substance alimentaire, complétera en quelque sorte l'industrie huîtrière française, en ce sens qu'elle apportera les éléments d'une véritable nourriture, là où il n'y a eu jusqu'ici que des éléments de luxe. Ce qu'il faut, c'est arriver à mettre les huîtres à la portée de toutes les bourses, ainsi que cela a lieu en Amérique, où elles sont considérées comme une des denrées les plus communes et les moins chères. Dans les établissements populaires de New-York, on peut, moyennant *six cents*, se procurer une bonne soupe faite avec ces mollusques.

Il suffit, du reste, d'avoir assisté, comme je l'ai fait à diverses reprises, à des ventes journalières de plusieurs milliers d'huîtres chez le même marchand, d'en avoir vu ouvrir sept à huit cents boisseaux par jour dans les établissements de Boston et de Fair-Haven, pour en expédier à l'intérieur la chair conservée dans la glace... Il suffit, dis-je, d'avoir assisté à de pareils spectacles pour en retirer la conviction profonde que la culture de coquillages aussi prolifiques peut devenir, en France comme aux États-Unis, un des moyens d'alimentation les plus précieux (1).

Je regarderais donc comme très-heureux qu'on pût obtenir, le plus tôt possible, leur reproduction en France, et tout fait espérer qu'elle aura lieu au printemps prochain, puisque les huîtres mères, déposées par M. Coste dans le bassin d'Arcachon, s'y sont développées aussi rapidement que dans les meilleures plantations américaines. Dès que la reproduction permettra d'en livrer au commerce, je ne doute pas un seul instant que leurs excellentes qualités ne les fassent rechercher des consommateurs (2).

En résumé, à quelque point de vue que l'on considère l'industrie coquillière des États-Unis, elle présente des résultats remarquables : alimentation

---

(1) Les huîtres américaines offrent encore l'avantage de pouvoir se passer du régime des parcs, et bien que quelques localités leur conviennent mieux que d'autres, en raison de la richesse du fond, elles prospèrent néanmoins sur presque tous les points de la côte. Une longue expérience a démontré que celles de Chesapeake pouvaient être transplantées dans tous les États du Nord, sans y perdre aucune de leurs qualités. Il est même remarquable à quel point elles peuvent s'y améliorer sous l'empire des conditions hydrographiques particulières. Ainsi, les huîtres salées du Massachusetts si estimées à New-York, proviennent en général de la Virginie, et ont séjourné pendant quelques mois seulement dans la boie de Boston ou celle de Wellfleet (au cap Cod.)

(2) Par une coïncidence assez remarquable, l'huître de la Virginie, que nous cherchons à naturaliser dans le bassin d'Arcachon, se trouve à l'état fossile aux environs de Bordeaux.

des populations, ressources qu'elle fournit à l'agriculture par l'emploi des écailles, influence sur la navigation côtière qu'elle développe sur une large
échelle, travail qu'elle procure aux classes pauvres, etc., elle mérite sous tous les rapports de fixer
l'attention des économistes. Les huîtres et les clams,
devenus maintenant des objets de première nécessité dans l'Amérique du Nord, montrent combien les
productions de la mer peuvent apporter de richesses
dans une contrée, quels que soient d'ailleurs les
procédés par lesquels on parvient à les obtenir en
abondance.

En dehors même de l'intéressante question d'acclimatation dont j'ai parlé, l'exposé de cette industrie me paraît de nature à réagir sur ce que nous
faisons en France, en nous démontrant la nécessité
de nous lancer dans la voie féconde ouverte avec tant
de persévérance par M. Coste, les merveilleux résultats obtenus en peu d'années sur les points du littoral où il a expérimenté, ne permettant plus d'ailleurs
de mettre en doute la valeur de ses ingénieuses méthodes d'ostréiculture. Il sera certainement indispensable de faire encore une étude plus complète de
nos côtes, afin de prévenir des écarts, ou plutôt les
entreprises mal conçues; mais ce travail une fois
terminé, peu d'industries en France présenteront
autant de chances de succès.

J'ai souvent entendu faire à l'ostréiculture le reproche de n'avoir pas produit, dans la baie de Saint-Brieuc, tous les résultats qu'on en attendait, c'est-à-dire que bien que les fascines immergées se fussent couvertes d'embryons pendant la ponte des huîtres-mères, ils n'y avaient point prospéré et formé de nouveaux bancs. N'ayant jamais été à même de vérifier la valeur de ces assertions, je ne saurais dire à quel point elles sont fondées, mais en les admettant comme vraies, je ne vois pas en quoi elles mettraient en cause l'ostréiculture. Tout au plus, démontreraient-elles l'utilité de transporter ailleurs les jeunes générations fixées sur les appareils collecteurs, mettant ainsi en pratique ce qui se fait pour beaucoup de produits du sol. Du reste, demander à une science qui date de quelques années à peine, de marcher avec cette sûreté d'allures qui n'appartient qu'aux choses consacrées par une longue expérience, n'est point, à mon sens, fort équitable.

La pisciculture, l'hirudiculture, l'ostréiculture, en un seul mot, toutes les industries qui tiennent au domaine des eaux et en constituent l'agriculture, doivent nécessairement passer par toutes les phases, depuis l'enfance jusqu'à la maturité ; mais pour qu'elles puissent porter rapidement leurs fruits, il ne faut point que des préjugés irréfléchis viennent les entraver dans leur marche.

Les esprits les plus prévenus, avec lesquels j'ai eu l'occasion de causer sur l'ostréiculture, reconnaissent bien la possibilité de recueillir les embryons en nombre pour ainsi dire illimité, mais là, suivant eux, s'arrêteraient les résultats utiles (1).

Ce qui se passe aux États-Unis, où le secret de la culture consiste à élever sur des fonds nourriciers les mollusques pêchés dans les lieux de production, montre évidemment le néant d'une pareille opinion.

A l'exemple des planteurs américains, rien n'est plus simple que d'enlever les petites huîtres fixées dans les appareils collecteurs, et de les semer dans des claires ou des étalages bien abrités, dont le fond soit suffisamment ferme, pour qu'il n'y ait aucune crainte de les voir étouffées par les vases. Tout cela n'exigera ni une grande dépense, ni une manipulation compliquée, et quelques mois après, les mollus-

---

(1) Pendant que quelques personnes en France en sont encore à mettre en doute les procédés d'ostréiculture dus à M. Coste, nos voisins les Anglais, avec ce bon sens pratique qui les porte à adopter les améliorations réalisées à l'étranger, n'hésitent point à entreprendre la culture artificielle de l'huître. Une société au capital de 50,000 livres sterling vient de se constituer en Angleterre, dans le but d'introduire sur les côtes, les nouvelles méthodes française. On trouvera à la fin de cet ouvrage (*note A.*) le prospectus de cette Société avec les diverses pièces à l'appui, qui renferment des détails intéressants sur l'industrie huîtrière de l'Angleterre.

ques seront assez forts pour se défendre contre les causes ordinaires de mortalité.

C'est une erreur malheureusement répandue chez quelques marins, que ce qui tient aux productions de la mer, ne saurait être modifié par la main de l'homme, et dans leur pensée, ils regardent au moins comme inutile de chercher à obtenir ces productions par des moyens artificiels. Une pareille idée, équivalant à la négation de la science elle-même, est aussi absurde que le fatalisme des peuples Orientaux, laissant à la Providence le soin de toutes choses, et légitimant ainsi leur paresse et leur insouciance. Ne craignons pas de le dire, c'est méconnaître la mission de l'humanité que de poser ainsi des limites à son intelligence et à son esprit d'investigation.

L'exploitation du domaine maritime fait chaque jour un pas de plus dans l'opinion publique. Les populations des côtes sentent instinctivement qu'elle est destinée à leur apporter de grands éléments de prospérité, et à les racheter de cet état de misère qui, depuis longtemps, est leur seul apanage. Quelques années encore, et grâce aux lumières de la science, de profitables industries seront établies sur le littoral, parmi lesquelles l'ostréiculture sera certainement une des plus fécondes. Tandis que, d'une part, au moyen d'une réglementation intelligente, basée sur l'étude des cantonnements, on mettra des myriades de jeunes poissons à l'abri de la destruction ignorante des pêcheurs, de l'autre, on s'appliquera à élever dans des réservoirs, les espèces qui peuvent facilement supporter ce régime. — De même, développera-t-on l'industrie coquillière sur tous les points du littoral, où elle pourra être établie avec succès; et alors les populations, attirées à la côte par l'espérance d'une vie meilleure, apprendront à connaître la mer, en viendront peu à peu à la considérer comme une bienfaitrice, et finalement, augmenteront, dans de larges proportions, les éléments de notre puissance maritime.

CHAPITRE II

HUITRES DES ÉTATS-UNIS

Les naturalistes divisent en trois espèces les huîtres comestibles qui vivent sur les côtes orientales de
l'Amérique du Nord, ce sont :

L'huître de la Virginie (*Ostrea Virginiana*) ;

L'huître Boréale (*Ostrea Borealis*) ;

L'huître Canadienne (*Ostrea Canadensis*).

Toutefois, malgré cette classification basée sur les
détails de forme, soumis eux-mêmes à des change-
ments notables, suivant les spécimens que l'on examine, les mollusques en question (pêchées d'ailleurs
dans les mêmes parages) ont tant de similitude,
quant au goût, qu'on pourrait bien, en définitive, les
considérer comme de simples variétés d'une espèce
unique. Le docteur américain Gould admet presque
le fait pour l'huître Canadienne et l'huître Boréale,
et, dans tous les cas, les différences avec les huîtres
d'Europe sont si tranchées, qu'aucune confusion

3-

n'est possible, et qu'il suffit d'un simple examen pour se convaincre qu'elles constituent une espèce à part.

Pendant que la forme des huîtres communes d'Europe, croissant librement, est presque entièrement ronde, celle des huîtres américaines est toujours plus ou moins allongée ; en outre, leurs valves inférieures plus creuses, contiennent un mollusque plus épais, plus tendre, plus riche surtout en éléments nutritifs, et ayant un goût moins salé, qui, dans certains cas, se rapproche de celui de la moule. — Parvenues à tout leur développement, ce qui exige vingt ans, au dire des pêcheurs, elles acquièrent des dimensions plus considérables que les nôtres, leur coquille épaissit davantage, devient très-lourde, et l'émail intérieur présente rarement ces parties molles, d'où s'échappe une eau fétide, lorsque par hasard on vient à les percer.

Huître de la Virginie.

L'huître de la Virginie, la plus commune des trois, a la coquille étroite, s'élargissant graduellement à partir du sommet, et modérément courbée dans le plan de l'intersection des valves, lorsqu'elle s'est développée librement. Les spécimens que l'on prend sur les bancs naturels, ont en général une forme tourmentée, résultant des conditions dans les quelles s'est effectuée leur croissance, mais néanmoins, ils conservent toujours les caractères les plus saillants de l'espèce.

De même qu'en Europe, les huîtres les plus régulières qu'on trouve dans le commerce, sont celles qui ont été améliorées par la culture. Les sommets de l'huître de la Virginie, très-pointus avec l'âge, sont peu recourbés, la partie opposée de la coquille est arrondie, la valve supérieure presque entièrement plate est la plus unie des deux, et la surface, lorsqu'elle n'a pas été usée par les frottements, présente de nombreuses lamelles de couleur plombée, disposées avec beaucoup plus de régularité que dans ces autres espèces. L'impression musculaire, très-souvent centrale, est de couleur violet foncé. Un fait que je n'ai vu indiqué dans aucun ouvrage d'Histoire Naturelle, et qui m'a frappé comme un des caractères les plus tranchés, est le peu de force du muscle, dans les huîtres américaines en général.

On trouve quelquefois des spécimens qui mesurent quinze pouces anglais de long sur trois et demi de large. Cette espèce, connue dans le commerce sous le nom d'huître de la Chesapeake, est commune sur toute la côte, principalement dans les Etats du Sud. En remontant vers le Nord, on la rencontre jusque dans les parages de l'île du Prince-Edouard, et à l'embouchure de la rivière Saint-Lawrence.

Ses caractères les plus essentiels sont sa longueur comparée à sa largeur, et la forme pyramidale des sommets.

Huître Boréale.

L'huître Boréale a la coquille un peu arrondie et ovalée, ordinairement courbée, et toujours moins allongée que dans l'espèce précédente ; la valve supérieure est plate, les sommets sont courts et recourbés; la surface de la coquille, très-irrégulière, présente des lamelles de couleur verdâtre, disposées sans ordre ; ses bords, plus ou moins découpés et festonnés, sont de nature calcaire dans la valve inférieure, tandis que dans la valve supérieure ils sont flexibles, et paraissent de nature membraneuse. L'impression musculaire est de couleur violet-foncé, et l'intérieur des valves d'un blanc crayeux ou légèrement verdâtre. La valve inférieure est encore plus creuse que dans l'espèce virginienne, et quelques spécimens ont un pied anglais de long sur six pouces de large.

Cette huître, connue habituellement sous le nom d'huître de New-York, attendu qu'on en trouve des gisements considérables dans la baie, se rencontre, du reste, sur tout le littoral, et même dans la Chesapeake, où elle est mêlée à l'espèce principale. On en pêche beaucoup dans la baie de Buzzard (Massachusetts).

Huître Canadienne.

L'huître Canadienne, également moins allongée que celle de la Virginie, est généralement courbée, avec les sommets très-arqués et arrondis ; la coquille est large, étalée, extrêmement blanche et lamelleuse ; la valve supérieure est légèrement convexe. Elle est commune dans la mer du Canada, à l'embouchure du golfe de Saint-Laurent, ainsi que sur une partie du littoral des Etats-Unis, notamment dans les parages de New-York.

L'huître américaine, sans distinction d'espèce, existe sur les côtes avec une profusion qui semble en avoir fait une manne providentielle pour les populations. Depuis les provinces britanniques jusque dans le golfe du Mexique, elle forme partout des bancs inépuisables, qui, sans une pêche continuelle, finiraient, dans certaines localités, par créer des écueils, modifier les courants, obstruer les passes, et paralyser, en un mot, la navigation. Abondantes partout, quelques parages paraissent néanmoins leur convenir plus particulièrement encore, et de ce nombre sont les côtes de New-Jersey, de l'île Long-Island, du Connecticut, du Rhode-Island, les rivages de l'embouchure de la Delaware, et surtout ceux de cette magnifique baie de la Chesapeake, véritable grenier d'abondance, où chaque année des centaines de navires viennent s'approvisionner du précieux mollusque pour le transporter, de là, sur tous les points de littoral.

Dans la Caroline du Nord, les sounds d'Albermale, de Pamlico, etc., produisent aussi d'excellentes huîtres (1).

Gens pratiques par excellence, en ce qui concerne les choses matérielles de la vie, les Américains ont eu garde de dédaigner une pareille source de richesses et, de bonne heure, ils ont compris les avantages qu'ils pouvaient retirer de tant de substance alimentaire, obtenue presque sans frais ; aussi la pêche de l'huître et sa culture sont-elles devenues depuis longtemps de lucratives industries, qui prennent chaque jour une nouvelle extension, par suite des demandes toujours croissantes des consommateurs.

Laissant de côté les méthodes de culture usitées en Europe, ils en ont adopté une, très-économique,

____

(1) La multiplication véritablement prodigieuse de cette espèce a, depuis longtemps, attiré l'attention des savants et des naturalistes, et quelques-uns d'entre eux, en présence de cette production incessante de matière minérale, composant les écailles, ont émis l'opinion que beaucoup de bancs de calcaires n'avaient probablement pas d'autre origine. Semblables aux polypiers de la mer des Indes et de l'Océanie, ce mollusque, livré à lui-même, finirait par changer l'hydrographie des côtes.

qui donne d'excellents résultats, ainsi qu'on le verra
à l'article Plantations. Comme les nôtres, leurs
mollusques exigent, pour prospérer, des fonds de
sable vaseux, riches en production animale, et suffisamment abrités contre la mer du large. Les eaux
saumâtres, qu'on trouve aux embouchures de certaines rivières, où remonte la marée, constituent
une des meilleures conditions pour le succès de
cette industrie (1).

La baie de la Chesapeake, d'où l'on tire en grande
partie les huîtres cultivées en Amérique, est un magnifique bassin, où la Providence semble s'être
complue à accumuler toutes les conditions qui pouvaient en faire une localité exceptionnelle pour la
pêche. Son entrée, entre le cap Charles et le cap
Henry, s'ouvre dans la direction de l'est à l'ouest,
mais à mesure qu'elle pénètre dans les terres, elle
change de direction, et se prolonge vers le nord à
une distance de 150 milles avec une largeur de 20

---

(1) Les huîtres américaines produisent beaucoup de perles, mais
elles sont de qualité tellement inférieure, qu'il est fort rare d'en
rencontrer dont on puisse tirer parti. Elles sont d'un blanc crayeux
quelquefois coloré d'une légère teinte violacée. Il paraît que sur les
côtes de New-Jersey, on a trouvé, il y a quelques années, un banc
d'huîtres fournissant parfois de belles perles. Tous les esprits du
pays s'exaltèrent, les pêcheurs crurent à une merveilleuse découverte, mais au bout de quelque temps, on reconnut qu'il n'y avait
aucune espérance à fonder sur l'exploitation de ces bancs.

à 30 milles dans la partie sud, et de 10 à 15 milles dans la partie nord. Accessible aux plus grands bâtiments, elle reçoit, en outre, un grand nombre de fleuves et de rivières navigables, dont les plus importants sont la Susquehanna, le Potomac, le Rappannahoc, la rivière d'York et le Saint-James's-River.

La masse d'eau douce, versée journellement dans son sein, par ces cours d'eau, le peu de largeur de l'entrée donnant accès à la marée, tout contribue à rendre les eaux de la Chesapeake moins salées que celles de l'Océan, circonstance qui favorise, comme on le sait, la production naturelle des huîtres. Il faut ajouter encore que, dans toute leur étendue, les rivages de la baie, découpée en une multitude de golfes, de baies, de criques, etc., sont parsemés de petites îles, qui augmentent le développement du littoral, et déterminent une foule d'abris favorables à la multiplication des poissons et des mollusques.

La quantité de poisson que fournissent les pêcheries est très-considérable, et l'on estimait, avant la guerre, qu'il s'inspectait annuellement à Baltimore, près de quatre cent mille barils de poisson salé, principalement des harengs et des aloses (1).

---

(1) La baie de la Chesapeake abonde en poissons de toute espèce; maquereaux, harengs, anguilles, perches, rougets, aloses, raies de

La question des huîtres est néanmoins plus importante encore, et la production des bancs de la baie s'est élevée, en 1858, à 20 millions de boisseaux. On comptait qu'à cette époque, dix mille personnes environ étaient employées à la pêche, ainsi qu'aux travaux des plantations établies sur le rivage.

L'huître de la Chesapeake est si naturellement grasse, en raison du milieu où elle vit, qu'elle peut, la plupart du temps, entrer directement dans la consommation sans passer par la culture. A Fair-Haven et à Boston, où il serait impossible, à cause de l'épaisseur des glaces, d'en conserver l'hiver, sur les terrains émergents, on fait venir de la Virginie, pendant cette saison, celles qui sont nécessaires aux besoins du commerce. Les goëlettes qui font les transports, échelonnent leurs voyages de manière à ce que les marchands soient constamment approvisionnés, et les mollusques restent ordinairement dans la cale de ces navires, jusqu'à ce que le chargement soit épuisé. Quelle que soit la rigueur du froid, ils s'y maintiennent vivants pendant plusieurs jours, pourvu qu'on ait la précaution de n'ouvrir les

---

différentes variétés, silures, etc. On prend dans le Potomac, dans le Saint-Jame's-River et autres fleuves, d'énormes esturgeons du poids de 150 à 200 livres.

panneaux que dans les moments indispensables. On
en a vu vivre ainsi pendant un mois.

A quelques exceptions près, on peut dire que
la majeure partie des huîtres, cultivées dans les
États du Nord, provient de la Chesapeake et de
l'embouchure de la Delaware , où les planteurs
peuvent se les procurer à si bas prix, qu'il ne saurait y avoir de concurrence de la part des pêcheries locales, du moins pour le commerce d'expédition.

Les pêcheurs du Maryland et de la Virginie les
vendent seulement de 15 à 20 cents le boisseau, pouvant en contenir de 300 à 400, suivant la grandeur.
Disons-le, cependant, quoique ces huîtres puissent
être modifiées par la culture et acquérir, dans certains cas, une saveur plus salée, elles ne parviennent
jamais à rivaliser entièrement avec celles qu'on pêche sur les côtes du Connecticut, du Rhode-Island et
de certains points du Massachusetts, etc. Ces huîtres
natives, consommées, en général, dans la localité, se
vendent à un prix plus élevé, et ne sont jamais expédiées en chair, dans l'intérieur du continent. Les
plus estimées proviennent de la baie de New-
York, de New-Haven, de la baie de Providence, de
différentes parties du sound de Long-Island et des
côtes du New-Jersey, principalement de Mille-Pond
et d'Absecum-Creck.

Selon moi, celles que l'on pêche à **Blue-Point,**
dans la grande baie du sud de Long-Island, sont les
plus délicates de toutes.

Quand on ne les consomme point crues, les huîtres
sont accommodées de diverses façons : on les met en
marinades, en conserves, suivant le procédé Appert;
on les mange en soupe, à l'étuvée, rôties, au gratin,
en pâtés, etc., et elles servent, en outre, d'accessoi-
res à une foule de préparations culinaires. La consommation en est si répandue qu'il n'est guère de
famille un peu aisée, dans les villes du littoral, qui,
pendant la saison d'hiver, n'en ait un plat à chaque
repas.

Dans les grands centres de population, il existe
de nombreux établissements connus sous le nom
d'*oyster-houses* (maisons d'huîtres), où on les débite
sous toutes les formes. Véritables restaurants, avec
cette différence qu'ils sont plus spécialement destinés à la vente des mollusques de toute espèce, on en
compte à New-York plus de trois cents, parmi lesquels il y en a de richement décorés, situés dans les
beaux quartiers de la ville. Ils sont fréquentés par la
bourgeoisie, principalement par la partie commer-
çante qui va souvent y prendre le repas du milieu du
jour. En outre de ces établissements, il y a dans les
villes une foule de boutiques, et même de comptoirs
en plein vent, installés dans les rues, où la classe

ouvrière peut se procurer ce qui est nécessaire à ses besoins (1).

La soupe aux huîtres est une des préparations que les Américains affectionnent le plus, et il leur est assez habituel, pendant la saison d'hiver, d'aller en manger dans les *oyster-houses* en sortant du théâtre. Elle est tellement populaire qu'elle s'est introduite jusque dans les grands bals, où elle apparaît inévitablement vers le matin, pour réparer les forces des danseurs (2).

L'huître américaine, soumise à la cuisson, est véritablement supérieure à la nôtre, et comme elle conserve mieux ses propriétés nutritives, elle est un des mets que les médecins ordonnent de préférence aux convalescents. Beaucoup de personnes en mangent toute l'année, sans qu'on ait remarqué qu'il y eût le moindre inconvénient à agir ainsi, et, à ce sujet, je hasarderai une réflexion qui me paraît assez fondée..... La pêche, durant la belle saison, étant interdite par les règlements, il en résulte que toutes les huîtres qu'on trouve alors dans le commerce, pro-

---

(1) Pendant l'été on conserve les huîtres dans les oyster-houses en plaçant par-dessus un bloc de glace qui produit un abaissement de température, suffisant pour qu'elles puissent vivre pendant quelques jours.

(2) Voir la note B, à la fin du volume, pour les préparations d'huîtres les plus populaires.

viennent des plantations : or, comme elles y ont été apportées dans le mois d'avril, au moment où commence pour elles le travail de la génération, il est probable que le fatigue du voyage et le changement de milieu, doivent influer sur ce travail, et la plupart du temps l'arrêter complétement. Ne devenant que rarement laiteuses, elles ne sauraient incommoder dans la saison chaude, si tant il est que, dans certains cas, elles puissent véritablement être malfaisantes.

Le prix des huîtres, à la consommation, est très-variable, et dépend à la fois de leur qualité, de leur grosseur, de la réputation des plantations où elles ont été cultivées, et aussi de l'importance des établissements où on les débite. Chez les marchands en gros, elles se vendent en moyenne un *dollar* le boisseau, tandis que dans les marchés, dans les *oyster-houses*, etc., les prix s'élèvent et varient depuis 50 cents le cent jusqu'à *deux dollars et demi* pour les sujets de grande taille, servant à confectionner les plats de choix. Du reste, toujours intelligents en ce qui concerne leur profession, les marchands ont su établir une foule de distinctions entre les produits, pour arriver à en tirer le meilleur parti possible, et personne, mieux qu'eux, ne s'entend à spéculer sur l'engouement des consommateurs. Dans tous les marchés on peut se procurer des huîtres fraîches, soit dans leur état naturel, soit enlevées de l'écaille, et, sous cette dernière forme, elles sont plus particulièrement vendues aux restaurateurs, aux maîtres-d'hôtel, ainsi qu'aux familles qui les achètent dans le but de les faire cuire.

Pour le commerce d'exportation et les expéditions à l'intérieur, on les vend :

> En nature ;
> En chair enlevée de l'écaille ;
> En marinades ;
> En conserves alimentaires.

Les huîtres en écailles s'expédient en grande quantité dans l'intérieur pendant la saison d'hiver : elles sont renfermées dans des barils de la grandeur d'un quart de farine, où on les arrime soigneusement, pour les empêcher d'ouvrir leurs valves. Ces barils sont percés de petites ouvertures de distance en distance pour permettre la circulation de l'air.

Les huîtres en chair, destinées en grande partie à être mangées cuites, s'envoient en toute saison dans l'intérieur, mais plus particulièrement en hiver. Les villes de Baltimore, Boston et Fair-Haven, sont les principaux centres de ce commerce, qui forme la branche la plus importante de l'industrie huîtrière.

Huîtres marinées.

Les huîtres marinées se préparent comme en Europe, avec une addition de vinaigre et de quelques épices, dans l'eau qui a servi à les cuire ; toutefois, comme le vinaigre dont on se sert est inférieur à celui que nous employons en France, ces marinades sont loin de valoir les nôtres.

Huîtres en conserves.

Ces conserves se confectionnent en grande partie à Baltimore. Les mollusques retirés de l'écaille, après avoir été légèrement cuits, dans une certaine quantité d'eau avec quelques grains de poivre noir, sont mis dans des boîtes cylindriques de fer blanc, percées à la partie supérieure d'un trou circulaire d'un pouce et quart de diamètre, et une fois remplies, ces boîtes sont fermées au bain-marie, en soudant sur l'ouverture une petite rondelle en fer blanc.

Emploi des Ecailles.

Les écailles d'huître donnent elles-mêmes lieu à différentes industries qui ne laissent pas que d'être assez importantes. On les utilise dans l'agriculture pour amender les terres, où la substance calcaire n'existe pas en quantité suffisante. On s'en sert pour madacamiser les routes et faire dans les jardins d'agrément des allées qui acquièrent, par l'emploi de cette substance, une blancheur éclatante. Enfin, en les brûlant, on obtient une excellente chaux, très-employée dans les bâtisses au bord de la mer, et bien préférable, comme engrais, à la chaux ordinaire, en ce qu'elle ne contient point de magnésie. En général, les grands expéditeurs d'huîtres donnent gratuitement les écailles, à la condition que leurs établissements en seront journellement débarrassés.

En 1857, on estimait que les écailles provenant des maisons d'expédition de Baltimore, donnaient lieu à un mouvement d'affaires de plus de 600,000 francs.

Avant la guerre, les fours à chaux de M. Barnes, à Fair-Haven, en brûlaient annuellement plus de 250,000 boisseaux. Maintenant, sur la côte des États-Unis, de nombreuses usines s'occupent de cette industrie.

Le boisseau de chaux d'écailles d'huîtres se vend de 12 à 13 cents.

PÊCHE DES HUITRES

La pêche des huîtres se fait de plusieurs manières, suivant que les bancs en exploitation sont situés

plus ou moins profondément dans la mer. Les instruments en usage sont : la drague, le rateau et le tong,
espèce d'engin particulier, dont je ne connais aucun
analogue en Europe.

La drague ressemble beaucoup à celle que nous
employons en France, mais comme le poids n'en est
pas déterminé par les règlements, elle est en général
plus lourde ; la partie destinée à contenir les huîtres
est tantôt en filet de corde, tantôt en mailles de
fer.

Les rateaux, semblables de forme à ceux dont se
servent nos pêcheurs, larges en outre de 60 à 70
centimètres, avec des dents de fer de 6 à 10 pouces
de longueur, sont munis à la partie postérieure
d'une poche en filet, destinée à recevoir les produits
de la pêche. Quelquefois on les construit entièrement
en fer, avec des dents recourbées, pouvant contenir
une certaine quantité de mollusques dans leur con-
cavité. Ils se manœuvrent à la main au moyen d'une
perche de 15 à 20 pieds de longueur, sur laquelle
ils sont emmanchés. On les emploie fréquemment
en hiver dans le Rhode-Island, pour pêcher des
huîtres dans les étangs de la pointe Judith, dont la
surface est parfois gelée pendant plusieurs semaines.
La pêche se fait alors en pratiquant des ouvertures dans la glace, pour pouvoir introduire les rateaux.

L'oystertongs, que je n'ai vu qu'en Amérique, est un instrument qui mérite d'être connu en France, comme pouvant rendre de grands services à nos pêcheurs pour la pêche des coquillages en général. Il représente, ainsi que son nom l'indique, une immense paire de pinces, ayant les extrémités inférieures garnies de rateaux dont les dents se croisent quand on les rapproche. Ces râteaux ont de 60 à 70 centimètres de largeur, et les dents, placées à un pouce et demi de distance l'une de l'autre, ont 4 pouces seulement. Les branches ont de 15 à 20 pieds de longueur, le point de rotation se trouvant à un mètre de la partie inférieure.

Pour prendre les huîtres avec cet engin, les pêcheurs mouillent préalablement leurs bateaux sur les fonds à exploiter, se placent ensuite près du bord, tiennent une des branches supérieures

Pinces à huîtres.

des tongs dans chaque main, et les ouvrant et les fermant successivement, cherchent à mordre le fond et à arracher les mollusques. Dès qu'ils sentent qu'ils en ont pris une certaine quantité, ils remontent l'instrument, en ayant soin de le tenir fermé et déposent leur capture sur le pont. La majeure partie des huîtres fournies par le Chesapeake, est prise de cette manière. Les tongs servent encore à l'exploitation des plantations et à la pêche des clams.

Les bateaux qui font la pêche des huîtres sont en général d'un faible tonnage, et la plupart de ceux que j'ai vus dans la baie de New-York et dans la grande baie du Sud de Long-Island sont construits à fonds plats, pour aller facilement sur les bancs, munis d'un dériveur, pour aller à la voile, ils sont montés par trois ou quatre hommes d'équipage.

L'exploitation des bancs au moyen des tongs est éminemment conservatrice, en ce qu'on ne détruit pas, en pure perte, une masse de mollusques comme on le fait avec la drague. Sans doute l'emploi de ces instruments ne serait pas possible sur la plupart des bancs que nous possédons sur les côtes de France, mais dans le bassin d'Arcachon, dans les étangs salés du Midi, dans ceux de la Corse, ils pourraient, ce me semble, recevoir une heureuse application.

Malgré la richesse véritablement extraordinaire

des gisements d'huîtres de leur littoral, les Américains ont néanmoins senti la nécessité d'une législation protectrice pour en prévenir le dépeuple-
ment. Dans ce but, les différents États maritimes
ont établi des lois spéciales pour fixer les époques
de la pêche et le mode dont elle doit être effectuée.

Il y a quelques années, sur les côtes du Maryland
et de la Virginie, l'enlèvement des huîtres pour la
consommation, pour fabriquer de la chaux ou servir
d'engrais avait pris de telles proportions que, dans
la crainte de voir les pêcheries diminuer d'importance, ces États durent voter des mesures de répres-
sion très-sévères. Du reste, la législation qui régit
l'industrie huîtrière en général est très-compliquée,
et ne présente aucune uniformité dans son ensemble, attendu que chaque État rend des lois comme il
l'entend, sans se préoccuper de les mettre en har-
monie avec celles des États voisins. Elle peut se
résumer ainsi :

1° Prévenir la destruction des bancs d'huîtres naturels en fixant l'époque et le mode de la pêche ;

2° Protéger l'industrie des planteurs contre les
déprédations des malfaiteurs.

3° A de rares exceptions près, réserver aux habitants de chaque État le bénéfice de la pêche locale.

4° Enfin, dans certains cas, réserver exclusivement

les pêcheries pour les habitants des circonscriptions maritimes où elles sont situées.

J'ai réuni dans cet article et dans celui où il est traité de la culture de l'huître, les points de cette législation qui m'ont paru les plus intéressants.

Etat du Massachusetts.

Dans l'État du Massachusetts, nulle personne ne peut exploiter les bancs d'une circonscription maritime sans une autorisation écrite, délivrée par le maire, les adjoints, ou les selectmen (1) de la localité. Cette autorisation doit mentionner le temps de la pêche, la quantité de mollusques qu'il sera permis d'enlever, et les usages auxquels ils sont destinés. Toutefois, chaque habitant de l'endroit peut prendre des huîtres sur les bancs pour la nourriture de sa famille, depuis le 1er *septembre* jusqu'au 1er *juin*; en cas de contravention, les délinquants sont passibles d'une amende de *deux dollars* par chaque boisseau d'huîtres illégalement pêchées.

Rhode-Island.

Dans le Rhode-Island (2), un des États où la

---

(1) Les selectmen sont des officiers publics nommés par le vote populaire pour administrer les localités ne comportant point une mairie.

(2) Voir la note D, où je donne (in extenso) la législation huîtrière du Rhode-Island.

législation est la plus sévère, la pêche des huîtres, réservée exclusivement aux citoyens, est prohibée du 15 *mai* au 15 *septembre,* sous peine d'une amende de 20 *dollars* par boisseau d'huîtres enlevées. En outre, aux époques permises, les ordonnances réglementent la quantité de mollusques qu'il est permis de pêcher journellement, quantité variable suivant les localités, mais qui, dans aucun cas, ne peut excéder 10 boisseaux. Dans le but encore de protéger autant que possible les pêcheries contre les déprédations des malfaiteurs, les lois condamnent à 500 *dollars* d'amende, toute personne convaincue d'avoir endommagé sciemment un banc d'huîtres, par quelque moyen que ce soit, moitié de l'amende au profit de l'État, et l'autre moitié au profit de celui qui a intenté les poursuites ou dénoncé le fait.

La pêche est permise seulement entre le lever et le coucher du soleil, et il est ordonné de rejeter à la mer toutes les petites huîtres qui ne sont pas de taille marchande. L'usage de la drague est sévèrement interdit, les bateaux qui s'en servent, confisqués avec tous leurs apparaux, et chaque homme de l'équipage condamné à 300 *dollars* d'amende.

Connecticut.

Suivant les lois actuellement en usage, chaque localité de cet État possédant des pêcheries d'huîtres

et de clams, a le droit d'établir des règlements pour
en régulariser l'exploitation et peut, en outre, dé-
créter une amende ne dépassant pas 14 dollars,
pour punir les contraventions.

La pêche est partout interdite du 1ᵉʳ *mars* au 1ᵉʳ
novembre sous peine de 7 à 50 dollars d'amende, ou
d'un emprisonnement dont la durée ne peut dépasser 30 jours ; dans certains cas les délinquants
peuvent être punis à la fois par l'amende et par la
prison.

New-York.

L'exploitation des pêcheries communes est prohi·
bée dans les mois de juin, juillet et août, sous peine
d'une amende de 20 à 30 dollars, selon les localités.
La moitié de l'amende est payée au surintendant
des pauvres du comté où l'offense a été commise,
et le restant à la personne qui a intenté les poursuites.

Il est défendu de prendre des huîtres dans l'Hudson-River, pour les transporter hors de l'État, sous
peine de 250 dollars d'amende ; l'emploi de la drague est prohibé dans le comté de Richmond, et plusieurs des pêcheries locales réservées aux circonscriptions maritimes où elles se trouvent.

New-Jersey.

Il est défendu de pêcher des huîtres dans les eaux

de cet État, du 1er mai au 1er septembre, sous peine d'une amende de 10 dollars. En outre, toute personne,convaincue de s'être servie d'une dragne, en quelque temps que ce soit, ou de s'être trouvée à bord d'un bateau ayant employé cet instrument, est passible d'une amende de 50 dollars. La même pénalité est applicable au patron ou propriétaire du bateau (1).

Nul, s'il ne réside depuis cinq mois dans la contrée, ne peut pêcher des huîtres et des clams, sous peine d'une amende de 20 dollars, et de la saisie de l'embarcation avec tout ce qui se trouve à bord. En cas de condamnation par la cour, cette embarcation est vendue, et moitié du prix de vente, déduction faite des frais, est remise à la personne qui a dénoncé le fait, et l'autre moitié au collecteur du Comté où a été commis le délit.

Une loi de 1857 punit d'une amende de 10 à 100 dollars, ou d'un emprisonnement de 10 à 30 jours, les pêcheurs reconnus coupables d'avoir dragué des huîtres dans *Dennis-Creek* (Comté de Cap-May). La justice peut, en outre, confisquer les bateaux avec les engins prohibés.

---

(1) Les citoyens habitant le littoral de l'État, situé dans la baie de la Delaware, sont exceptés de cette mesure.

Delaware.

L'interdiction de la pêche a lieu du 1er mai au 1er octobre, sous peine d'une amende de 10 dollars.; il est en outre défendu dans tous les temps de se servir de la drague dans les criques, anses ou étangs de l'État, sous peine de la même amende, et de la confiscation des embarcations ayant servi à la contravention.

Aux époques où la pêche est permise, les huîtres doivent être triées sur place, et celles qui ne sont pas marchandes, rejetées immédiatement à la mer, sous peine d'une amende de 10 dollars.

Nul, s'il n'est citoyen du pays, ne peut pêcher dans les parties de la baie de la Delaware appartenant à l'État, sans une autorisation préalable délivrée par le clerc de l'un des comtés riverains. Cette autorisation, valable pour un an, est spéciale aux bateaux qu'elle mentionne et se paie 50 dollars au profit de l'État. Les contraventions à cette dernière loi sont punies d'une amende de 50 dollars et de la confiscation de l'embarcation avec tout ce qui se trouve à bord; toutefois, à bord d'un navire quelconque on est libre de pêcher des huîtres dans la saison permise, pour la consommation particulière de l'équipage.

Maryland.

Dans cet État, la pêche est interdite du 1er mai au 1er octobre, et nul ne peut s'y livrer s'il n'habite le pays depuis douze mois au minimum, sous peine d'une amende de 100 dollars. Les seuls engins de pêche qui soient généralement permis sont les rateaux et les tongs; la drague, à quelques exceptions près, est rigoureusement prohibée, sous peine, pour le délinquant, d'une amende de 100 dollars et de la confiscation du bateau.

Les lois permettent, en outre, de poursuivre les pêcheurs de poisson qui font usage de la seine sur les bancs d'huîtres, attendu que ces filets, en traînant sur le fond, arrachent une masse de mollusques ou les enfoncent dans la vase.

Une loi de 1835 défend de pêcher des huîtres dans le but d'en engraisser la terre, sous peine d'une amende de 10 à 50 dollars. Enfin, quiconque n'est pas citoyen de l'État ne peut pêcher à moins de deux milles du rivage, sous peine d'une amende de 5 à 50 dollars et de la confiscation du bateau. Néanmoins, aucune poursuite ne peut être intentée sans un mandat spécial, délivré par la justice, sur l'affirmation assermentée de quelque citoyen de l'État. Les sheriffs des comtés riverains, les constables, les

officiers civils et militaires, sont tenus de prêter le\
concours à l'exécution de ces règlements.

Il est défendu, dans les mois de juin, juillet et
août, de pêcher des huîtres dans les eaux appartenant à l'État, sous peine, pour chaque délit, d'une
amende de 50 dollars.

Sur les côtes, dans l'intérieur des rivières, dans
les baies, le seul instrument de pêche autorisé par
les lois, est le tong ; par exception, toutefois, dans les
localités où se trouvent des eaux profondes, dans les
sounds de Tangiers et de Pokomoke, par exemple,
l'emploi de la drague est autorisé ; mais ce privilége
ne permet jamais de pouvoir prendre des huîtres en
dedans des embouchures de rivière, dans l'intérieur
des baies, ou par des profondeurs moindres que
20 pieds.

La législation de la Virginie, afin de protéger
d'une manière plus efficace encore une industrie qui
fait la richesse du pays, a voté, en 1856, une loi par
laquelle chaque comté peut, lorsqu'il le juge nécessaire, nommer des inspecteurs dont les fonctions
consistent à arrêter les personnes et les bateaux
soupçonnés d'avoir commis des contraventions. Ces
inspecteurs sont assermentés et reçoivent la moitié
des amendes infligées aux délinquants conduits par

eux devant la justice. A l'exception de quelques cas indiqués par les règlements, l'enlèvement des huîtres sur les bancs, dans le but d'engraisser la terre ou de confectionner de la chaux, est puni d'une amende de 500 dollars.

CULTURE DES HUITRES

Les méthodes adoptées par les Américains pour cultiver, ou plutôt améliorer les huîtres provenant des pêcheries de la côte, n'ont aucune analogie avec les procédés compliqués et coûteux en usage à Marennes, Ostende, Courceulles ou autres localités où l'on parque ces mollusques. Les parcs, dans le sens exact de ce mot, tel que nous l'entendons en France, y sont inconnus ; car on ne saurait donner ce nom à quelques étangs ou réservoirs à huîtres formés dans certains endroits par le barrage d'une petite crique, au moyen d'une digue éclusée. Ce cas, d'ailleurs, est extrêmement rare, et je n'ai eu, pour ma part, aucune occasion de visiter un établissement de ce genre (1).

____

(1) Quelques-uns de ces étangs à huîtres existent sur les côtes du Connecticut et du New-Jersey.

L'ostréiculture américaine, plus simple dans tous ses détails, consiste à semer les mollusques sur des terrains maritimes de la côte, reconnus propres par leur nature à les faire croître et à les engraisser promptement; c'est, à peu de chose près, ce que l'on fait à Saint-Waast et à Cancale, et on en obtient aux Etats-Unis des résultats si satisfaisants, qu'ils dispensent de recourir à des procédés plus compliqués, ne pouvant d'ailleurs avoir d'autre effet que d'augmenter le prix de la marchandise.

Le succès de cette branche de l'industrie huîtrière dépend à la fois de la configuration hydrographique des lieux où elle est exercée, de la nature des fonds, et du degré de salure des eaux de la mer.

Ainsi que les nôtres, les huîtres américaines cultivées ne prospèrent pas sur tous les fonds indistinctement. Dans les sables purs, elles croissent faiblement et ne s'engraissent pas ; dans les vases, elles contractent un mauvais goût et courent souvent risque d'être étouffées ; dans les sables modérément vaseux, au contraire, elles se développent à merveille, surtout lorsque les eaux sont légèrement saumâtres (1).

____

(1) Les huîtres plantées dans les rivières à marée ou dans les étangs d'eau saumâtre, grossissent et s'engraissent beaucoup, mais acquièrent un goût plus fade que celles cultivées dans les eaux purement salées.

Ces dépôts artificiels ou plantations, comme on les nomme dans la contrée, sont donc nécessairement effectués dans des conditions qui varient suivant les localités. Tantôt on utilise des terrains constamment couverts par la marée, tantôt, au contraire, comme à Boston, à Wellfleet et à New-Haven, on les établit sur des plateaux découvrant plusieurs heures chaque jour, ou seulement pendant les grandes marées.

Les endroits les plus favorables sont situés dans les baies, les criques, les embouchures de rivières à marée dont le lit n'est sujet à aucun déplacement, dans les bras de mer, les étangs salés, dans tous les endroits, enfin, suffisamment abrités pour qu'il n'y ait point à craindre que les vagues de la mer viennent bouleverser les dépôts. L'action des courants, lorsqu'elle n'est pas trop forte, n'est point considérée comme une chose nuisible. La profondeur maximum à laquelle ou plante les mollusques, est de 12 ou 15 pieds de basse mer; mais plus communément, elle n'est que de 4 ou 5, afin que les travaux d'exploitation soient plus faciles et plus prompts.

Les plantations les plus importantes se trouvent plus spécialement dans le voisinage des grands centres de population; toutefois, avec la facilité des moyens de transport qui existent en Amérique, on en rencontre sur presque tous les points de la côte (1).

Quelles que soient, du reste, les localités choisies par les planteurs, ils ne peuvent, dans aucun cas, exercer leur industrie sur les bancs d'huîtres naturels, propriété commune des habitants, ni entraver en quoi que ce soit le libre exercice de la navigation. Ces conditions remplies, de grandes facilités leur sont, en général, laissées par les réglements ; mais dans quelques États, avant de rien entreprendre, ils doivent être munis de licences délivrées par les autorités des circonscriptions maritimes, où ils désirent s'établir.

Les limites des plantations sont indiquées par des perches légères enfoncées dans le sol, et de longueur suffisante, pour que les extrémités supérieures, garnies de menus branchages, puissent dépasser de deux pieds au moins le niveau des hautes mers. — En outre, la surface entière du terrain est divisée en parcelles carrées de douze à quinze mètres de côté,

---

(1) Dans les environs de New-York, les principales plantations sont situées sur les rivages de *Staten-Island*, notamment à *Prince-Bay*, dans l'*East-River*, dans la rivière de *Harlem*, dans celle de *Shrewsbury*, etc. A New-Haven, elles sont très-nombreuses dans la baie et à l'embouchure du Quinipiac ; à Boston, les plus en renom sont établies sur les plages émergentes des *Bird-Island*, de *Hog-Island*, ainsi que dans certaines parties du *Charles-River* et du *Mystic-River*.

au moyen de perches semblables aux premières. Ces dispositions, obligatoires dans la majeure partie des États, servent à indiquer en tous temps la position exacte des plantations, facilitent leur surveillance par la police des rades, et contribuent à accélérer les travaux d'exploitation.

Les perches, par leur grande flexibilité, ne constituent d'ailleurs aucun danger pour les embarcations qui sont entraînées accidentellement sur les bancs.

Les huîtres se plantent annuellement après la saison d'hiver, depuis le mois de mars jusqu'au 1er mai, époque à laquelle le travail est en général terminé. Les navires qui les apportent de la Chesapeake, de la Delaware, ou de tout autre lieu de production, sont pour la plupart des schooners de 100 à 150 tonneaux, embarquant de 3,000 à 6,000 boisseaux de mollusques, et rendus à destination, ils les livrent aux planteurs qui les font porter sur leurs établissements, et semer sur le fond, aussi régulièrement que possible. — Cette dernière opération, des plus importantes, puisque trop entassés les mollusques se nuiraient réciproquement, s'exécute de la manière suivante : les marins chargés du travail embarquent les huîtres dans des chaloupes, se transportent, à marée haute, sur les plantations, se placent au centre de chacun des carrés dont j'ai parlé plus haut,

et là, au moyen d'une grande pelle à douze dents,
jettent les mollusques autour d'eux, par un mouvement circulaire, très-analogue à celui que font les
laboureurs en semant le blé. L'expression de planter
ou de semer des huîtres n'a probablement pas d'autre origine. Lorsque les chargements des chaloupes
sont épuisés, on espace convenablement les mollusques sur le fond de la mer, afin qu'ils ne se gênent
pas les uns les autres et, ce travail des plus faciles,
lorsqu'il s'agit de terrains émergents, se fait avec
des rateaux, sur ceux qui sont constamment couverts par la marée (1).

Comme je l'ai déjà dit, les huîtres s'engraissent et
grandissent beaucoup dans les bonnes plantations,
et peuvent même y changer notablement de goût.
N'étant plus gênés dans leur développement, leurs
coquilles deviennent plus régulières, s'étalent davantage, et prennnent une forme plus creuse et
plus arrondie. Dans les endroits où elles sont toujours couvertes par les eaux, et où il n'y a point
à craindre l'action des glaces, on en laisse souvent

---

(1) On ne se préoccupe point d'ailleurs de la position des mollusques sur le sol, c'est-à-dire si la valve creuse est toujours en dessous. Un phénomène remarquable, que j'ai observé plusieurs fois
dans la baie de New-Haven, c'est que lorsqu'une huître se trouve
posée sur cette valve, la croissance s'effectue de manière à ce que les
bords de la coquille, se retournent vers la surface de l'eau.

croître pendant quelques années, afin d'obtenir des sujets de grande taille ; mais, dans les localités où la rigueur de l'hiver les tuerait infailliblement sur les terrains émergents où elles sont cultivées, elles n'y séjournent que durant la belle saison, et sont enlevées avant l'époque des grands froids. Dans tous les cas, elles doivent rester au moins trois mois sur les fonds nourriciers, avant d'être livrées à la consommation, sans quoi le bénéfice de la culture serait perdu. On sème en général cinquante boisseaux de mollusques sur chacune des parcelles carrées de la plantation, et la récolte, quand le moment est venu, se fait journellement à marée basse, lorsque les fonds découvrent, et, dans le cas contraire, en se servant de rateaux et de tongs.

Une croyance très-accréditée aux États-Unis et en Angleterre, c'est que l'on peut engraisser les huîtres en répandant de la farine (ordinairement de maïs) dans l'eau qui les baigne. Quelques planteurs du New-Jersey se servent, dit-on, de ce procédé dans de petits étangs ; mais il est probable que l'emploi du maïs n'a que peu ou point d'effet sur ces mollusques dont l'estomac délicat ne paraît point susceptible de digérer une semblable nourriture. Un moyen plus certain de bonifier les huîtres, et de leur enlever ce goût âcre qu'elles ont souvent quand elles viennent d'être fraîchement pêchées, consiste à les placer dans des baquets, après avoir soigneusement brossé les écailles pour les débarrasser de la vase et autres impuretés. On remplit ensuite les baquets avec un mélange d'eau de mer et d'eau douce qu'on renouvelle chaque jour pendant une semaine, au bout de laquelle les huîtres sont aussi délicates que si elles avaient séjourné plusieurs mois dans un parc. Le meilleur mélange est de deux parties d'eau de mer et d'une partie d'eau douce, mais les quantités peuvent être modifiées suivant que l'on désire que la saveur des mollusques soit plus ou moins salée. J'en ai fait vivre pendant dix jours dans de l'eau douce entièrement pure. Ce procédé, très-usitée en Angleterre, pourrait recevoir d'utiles applications dans nos villes du littoral de l'Océan ou des quantités considérables d'huîtres, entrent directement dans la consommation, sans passer par le régime des parcs et il est surtout excellent pour les mollusques destinés à la cuisson.

La culture des huîtres donne aux États-Unis des revenus tellement certains, qu'elle est une des industries où les faillites sont pour ainsi dire inconnues, et la connaissance des points du littoral où elle peut être établie est maintenant si complète, que les planteurs n'ont pour ainsi dire à redouter aucune cause d'insuccès. Il y a quelques années, les bénéfices s'élevaient à plus de 50 0/0 des capitaux enga—

gés, mais à mesure que la consommation s'est étendue, et qu'un plus grand nombre de personnes s'est occupé de ce commerce, les bénéfices bien que toujours élevés, ont été ramenés à un taux plus raisonnable. La guerre qui désole le pays a, d'ailleurs, apporté une grande perturbation dans les affaires, la pêche ayant été interdite par la marine fédérale, sur une partie des côtes de la Virginie, afin d'empêcher les pêcheurs d'établir des communications avec l'ennemi.

Le mouvement de navigation, auquel donne lieu la culture des huîtres, est fort important. Suivant les renseignements qui m'ont été fournis, les plantations de la baie de New-York et des environs exigent une centaine de navires, et celles de la baie de Boston et du cap Cod, trente-cinq à quarante ; enfin, avant la guerre, on estimait que cent-cinquante à deux cents schooners étaient employés pendant six mois de l'année, soit pour apporter les huîtres nécessaires aux plantations de la baie de New-Haven, soit pour approvisionner pendant l'hiver les marchands expéditeurs de Fair-Haven.

LOIS

CONCERNANT LES PLANTATIONS.

L'industrie des planteurs d'huîtres est soumise à

des lois différentes, suivant les États où elles sont votées. Dans tous, néanmoins, elles sont assez sévères pour assurer à cette industrie une protection suffisante contre les malfaiteurs. Il ne pouvait du reste en être autrement, car les plantations étant situées, la plupart du temps, dans des endroits écartés, souvent fort éloignés de la côte, une législation rigoureuse pouvait seule les mettre à l'abri des dilapidations. Les contraventions sont constatées par les officiers publics, les constables, les sheriffs, les maîtres de port, chargés de la police des rades, et de plus, chaque personne qui a connaissance d'un délit, est invitée à en donner avis à la justice.

Voici quels sont les principaux règlements dans les États du Nord.

Maine.

Dans le Maine, les personnes qui veulent cultiver des huîtres sur le bord des rivières, des baies ou des criques appartenant à l'État, doivent préalablement obtenir la permission des propriétaires riverains. Il n'y a d'exception que pour les plantations situées sur des bancs compris dans l'intérieur des baies ou des golfes, mais, dans aucun cas, la navigation ne peut être entravée.

6.

Massachusetts.

Dans le Massachusetts, les maires, adjoints, ou selectmen de chaque localité maritime peuvent, par un écrit de leur main, accorder à tout habitant de l'endroit l'autorisation de planter des huîtres et de les cultiver en quelque temps de l'année que ce soit, dans les eaux de la circonscription, pourvu que ce ne soit pas sur des bancs naturels. Cette autorisation, valable pour vingt ans, indiquant exactement les limites et la superficie des fonds à exploiter, doit être enregistrée par le clerc de la commune avant d'avoir son effet, et le magistrat qui l'a délivrée reçoit 2 dollars pour ses honoraires, et le clerc 50 cents seulement. Moyennant ces formalités, le planteur, ses héritiers ou ayant-droit, ont le privilége exclusif des fonds concédés et peuvent intenter une action en dommages-intérêts à quiconque, sans leur permission, se permettrait d'en enlever les huîtres; le délinquant est en outre puni par la loi, de 20 dollars d'amende pour chaque délit.

Rhode-Island.

Dans la rivière de Providence, les commissaires des pêcheries de mollusques peuvent sous leur responsabilité personnelle louer au profit de l'État, à tout citoyen du pays, toute espèce de terrain maritime couvert par les eaux où ne se trouvent point des bancs d'huîtres naturels, pour y établir des plantations. Ces concessions, données pour 5 ans au minimum, et 10 ans au maximum, sont grevées d'une taxe annuelle, payable au trésorier-général de l'État.

Lorsqu'un habitant fait la demande d'une concession, les commissaires doivent, avant de l'accorder, donner l'avis public du jour, de l'heure et de l'endroit où se traitera cette affaire. L'avis, contenant la description exacte des terrains sollicités, est publié aux frais du solliciteur dans l'un des journaux de la ville de Providence, deux semaines au moins avant le jour de l'audience, afin que personne n'en ignore et que tout citoyen puisse venir développer aux commissaires les motifs qui, selon lui, peuvent faire rejeter la demande.

En aucun cas, il ne peut être concédé plus d'un acre à une personne et plus d'un acre par tête aux membres d'une compagnie. Les fonds sur lesquels, pendant la durée d'une concession, se seraient formés des bancs d'huîtres, ne peuvent plus être loués de nouveau.

Le bail de location est fait en double expédition, une pour le solliciteur, l'autre pour le trésorier-général, et si les commissaires le croient utile, ils peuvent, avant de le signer, faire lever le plan de la concession demandée.

Les plantations accordées doivent être exactement délimitées par des bornes établies sur le rivage adjacent et être entourées de perches ou de bouées placées à 11 yards de distance l'une de l'autre ; le tout installé de manière à ne point entraver la navigation. Les bornes, les perches et les bouées sont renouvelées lorsque les commissaires le jugent convenable. Ces fonctionnaires sont, en outre, autorisés par les lois, à nommer des gardiens spéciaux munis d'une embarcation pour surveiller les plantations de la rivière de Providence, connues **sous** le nom de Grand-Lit.

Lorsque les conditions spécifiées dans les baux ne sont pas exécutées, les concessions peuvent être retirées, et il en est de même lorsque la redevance à l'Etat n'est pas exactement acquittée.

Les règlements défendent de prendre des huîtres sur les plantations, après le coucher et avant le lever du soleil, sous peine d'une amende de 20 dollars, et de la confiscation du bateau.

Quiconque dérobe des huîtres sur une plantation est passible d'une amende de 20 à 100 dollars, et à défaut de paiement, peut être emprisonné pour un terme n'excédant pas une année.

Lorsqu'un planteur est reconnu coupable d'avoir enlevé des huîtres sur une plantation voisine, sa concession lui est retirée et tous les produits confisqués au profit de l'Etat, sans préjudice de l'amende à laquelle il peut être condamné pour un pareil vol. Le droit de pêcher des huîtres dans les eaux de l'Etat est retiré pendant 3 ans, aux personnes prises deux fois en contravention des règlements relatifs aux plantations.

Connecticut.

Dans le Connecticut, chaque localité a le droit, dans un meeting spécial des habitants, de nommer un comité de cinq membres, au maximum, chargés de désigner les points des eaux navigables où on peut cultiver des huîtres sans nuire aux droits des citoyens et à la libre navigation. Les personnes qui désirent établir une plantation sont tenues d'adresser une demande par écrit au comité, en indiquant clairement les parties de la mer ou des rivières qu'elles comptent occuper. Si rien dans cette demande n'est contraire à l'intérêt public, le comité peut délivrer une autorisation indiquant les limites et la situation de la plantation, ainsi que le temps pendant lequel elle pourra être maintenue.

La superficie du terrain occupé par une même personne ne peut excéder deux acres, et avant d'avoir son effet, l'autorisation doit être enregistrée par le clerc de la commune où se trouve la concession demandée.

Les plantations doivent être entourées de perches dépassant de deux pieds au moins le niveau de la haute mer.

Le propriétaire possédant une terre dans laquelle se trouve enclavée une crique, une petite anse, etc., peut, avec l'autorisation des selectmen, la fermer au moyen d'une digue éclusée, pour y établir un dépôt d'huîtres et les y engraisser. Il en fait la demande aux selectmen de l'endroit, et si, dans leur opinion, le barrage ne peut causer aucun tort aux priviléges des habitants, ni faire obstacle à la navigation, ces fonctionnaires en rendent compte au meeting annuel, et s'ils sont approuvés, la partie intéressée peut faire construire le barrage en question.

Toute personne convaincue d'avoir enlevé des huîtres sur une plantation, d'en avoir détruit ou endommagé les limites, est punie pour la première fois d'une amende n'excédant pas 7 *dollars* et d'un emprisonnement n'excédant pas 30 jours. En cas de récidive, l'amende est de 7 *à* 20 *dollars* et l'emprisonnement d'un à trois mois. Chaque offense ultérieure est punie de 50 *dollars* et de la prison pendant six mois, le tout sans préjudice de l'action civile, qui peut être intentée par la partie lésée.

Celui qui, sans permission, établit une plantation sur un banc d'huîtres naturel, est passible d'une amende de 5 *à* 50 *dollars*, moitié pour le trésorier de la commune où le délit a été commis, et l'autre moitié pour celui qui a intenté les poursuites.

New-York.

Dans l'État de New-York, toute personne possédant une terre sur le bord de la rivière de Harlem, a le droit de planter des huîtres dans le lit de cette rivière, en face de sa propriété, pourvu que l'emplacement soit indiqué par une marque bien visible, portant son nom, établissant le fait d'une industrie particulière. Cette condition remplie, nul que le propriétaire ou son mandataire, ne peut enlever des huîtres de la plantation sous peine d'une amende de 50 *dollars* pour chaque délit, sans compter la valeur des huîtres dérobées.

Dans la baie de Jamaïca, comté de Queen's, les propriétaires bordant la baie et les cours d'eau tributaires, peuvent planter des huîtres vis-à-vis de leurs terres, à partir de la ligne de basse mer, sur une largeur de 4 rods (66 pieds), mais nulle personne, ni association de personnes, ne peut occuper plus *d'un quart de mille* de longueur de rivage. Dans cette localité on punit de 25 *dollars* d'amende, les vols commis sur les plantations.

New-Jersey.

Dans certaines parties de cet État, les propriétaires de terrains marécageux dans lesquels se trouvent enclavées de petites anses, criques ou flaques d'eau salée, ne conduisant à aucun lieu public de débarquement, peuvent les utiliser pour cultiver ou entreposer des huîtres, et à cet effet établir des clôtures ou barrages, afin d'empêcher qu'on ne puisse y entrer.

Les personnes qui, sans autorisation, prennent des huîtres dans les plantations, sont punies d'une amende de 20 *dollars*, sans préjudice de l'action en dommages-intérêts que peut intenter le propriétaire.

Delaware.

Suivant la législation de cet État, tout citoyen peut établir dans les eaux publiques, une plantation n'excédant pas un acre en superficie, pourvu que ce ne soit pas sur un banc naturel d'huîtres, et que la navigation ne soit point entravée. Il doit enclore son établissement avec des perches, l'indiquer par une marque bien apparente, et, ces conditions remplies, toute personne qui se permettrait d'en dérober des produits, serait condamnée à 20 dollars d'amende. Nul, s'il n'est citoyen de l'État, ne peut, sous un prétexte quelconque, déposer des huîtres dans les baies, criques ou rivières, sous peine d'une amende de 20 *dollars* et de la confiscation des mollusques.

Maryland.

Tout citoyen du Maryland peut s'approprier dans les rivières, cours d'eau, criques ou baies de l'État, etc., une étendue de terrain maritime n'excédant pas un acre, pour y déposer ou cultiver des huîtres, soit pour son usage personnel, soit en vue du commerce, pourvu qu'il n'apporte aucun obstacle à la navigation, et qu'il ne lèse en rien les droits des propriétaires riverains. La description écrite de la plantation et de ses limites, affirmée par serment, sera enregistrée aux frais de la partie intéressée par le clerc du comté.

Dans tous les cas, les propriétaires de terres contiguës au rivage, ont un droit de priorité sur un acre de superficie, à partir de la ligne ordinaire de basse mer en allant dans la direction du chenal principal. Les plantations devront autant que possible, être rectangulaires.

Les propriétaires ayant dans l'intérieur de leurs terres des criques ou anses n'ayant pas plus de 100 yards d'ouverture, peuvent les utiliser dans le même but.

CHAPITRE III

DE L'INDUSTRIE HUITRIERE

DANS QUELQUES VILLES DES ÉTATS-UNIS

Un travail complet sur l'industrie huîtrière américaine, devrait à la rigueur embrasser toutes les localités où elle est pratiquée avec quelque importance, mais, outre que cette tâche serait fort longue, par la difficulté de se procurer des renseignements précis, on serait encore exposé à tomber dans des redites continuelles sans intérêt pour le lecteur. J'ai donc préféré borner mes études aux villes des Etats du Nord, où cette industrie a atteint le plus grand développement, pensant que ce serait suffisant pour montrer les ressources qu'en retire l'alimentation publique. Ces villes, dont j'ai eu l'occasion de parler plusieurs fois dans le courant de cet ouvrage, sont : New-York, Fair-Haven, Boston et Baltimore. Comme consommation ou expédition à l'intérieur, elles font à elles seules plus de la moitié du commerce total des huîtres dans l'Amérique du Nord.

New-York.

New-York, la riche et populeuse métropole des États-Unis, compte aujourd'hui près d'un million d'habitants, en y comprenant les villes de Brooklyn et de Williamsburg, qu'on peut considérer comme deux de ses faubourgs. Bâtie sur une longue presqu'ile au fond d'une magnifique baie de 25 milles de périmètre offrant des mouillages excellents, entourée d'un côté par le bras de mer, connu sous le nom d'East-River et de l'autre par l'Hudson, majestueux cours d'eau aux rivages pittoresques et accidentés dont le touriste ne se lassera jamais d'admirer les magnificences, cette cité au point de vue du commerce maritime et de la navigation est aujourd'hui sans rivale dans le nouveau monde, et nulle part aux États-Unis, on ne peut se rendre mieux compte de l'activité fébrile des Américains, de leur aptitude pour les affaires en général, et de leur entraînement vers les industries de la mer.

On cultive l'huître sur une grande échelle aux environs de New-York, ce qui tient à la fois à l'excellence des fonds qu'on trouve dans la baie et les parages avoisinants, et aussi à la nécessité où sont les marchands d'avoir à proximité de grands dépôts de mollusques pour les besoins journaliers de la population. De toutes les villes américaines, c'est celle où la consommation des mollusques de toute espèce est la plus considérable, et j'ai déjà dit qu'en 1859, le *Merchant's Magazine* l'estimait annuellement, rien qu'en huîtres, à 6,950,000 boisseaux, c'est-à-dire à 19,000 boisseaux par jour, en prenant une moyenne dans l'année.

Les plantations les plus renommées sont situées : d'un côté sur les rivages de Staten-Island et du New-Jersey, dans la rivière de Shrewsbury, etc., et de l'autre sur le littoral de Long-Island et dans le bras de mer connu sous le nom d'East-River, où l'on trouve une suite presque continuelle d'anses et de petites baies dans les conditions les plus favorables.

Les deux grands marchés pour la vente en gros des mollusques se tiennent : l'un à Catherine-Market, sur la rivière de l'est, et l'autre à Foot of Spring-street sur l'Hudson-River. Quant aux ventes de détail, elles se font dans tous les marchés de la ville indistinctement, dans la plupart des oyster-house ainsi que dans les boutiques établies en ville pour le commerce du poisson.

Les établissements de Catherine-Market et de Foot of Spring-street, construits sur des radeaux, sont de véritables maisons flottantes ornées avec plus ou moins de luxe et ayant quelquefois un étage.

Amarrées les unes à côté des autres, en communication avec les quais, au moyen d'un pont à bascule qui suit les mouvements de la marée, ces maisons mesurent communément 15 mètres de longueur sur 10 de large, et sont divisées en trois compartiments distincts :

1° La partie dans laquelle on entre par le pont, c'est-à-dire la véritable chambre de la maison ;

2° Ce que j'appellerai la cave, qui n'est autre que la partie immergée comprise entre la plate-forme de la chambre et le fond du radeau ;

3° Le grenier formé dans le haut de la maison par un plancher construit à 2 mètres 50 centimètres d'élévation au-dessus de cette même plate-forme.

Ces établissements, désignés à New-York sous le nom d'*oyster-boats*, sont au nombre de 11 à Catherine Market, et de 23 à Foot of Spring-street.

Chaque oyster-boat est en général muni de deux portes : une qui communique avec le quai, et l'autre, percée en regard de la première, qui donne sur une petite plate-forme construite à la partie arrière de la maison. Cette installation, extrêmement commode, permet aux pêcheurs de débarquer directement leurs produits dans l'oyster-boat, et accélère ainsi tous les travaux.

Ces établissements flottants offrent le grand avantage de pouvoir y conserver des huîtres plusieurs jours dans la saison d'hiver, quelle que soit la rigueur de la température extérieure, et il en est de même pendant les grandes chaleurs, par suite de la fraîcheur qui règne toujours dans les parties immergées.

Les mollusques, huîtres ou clams, placés dans des mannes de la contenance d'un boisseau, sont emmagasinés dans la cave et le grenier des *oyster-boats;* quant à la chambre, on y place seulement les échantillons des différentes qualités vendues par le marchand, afin que les clients puissent faire leur choix, et on y effectue les travaux d'emballage nécessités par le commerce.

Du reste, bien qu'il y ait constamment de grandes quantités de mollusques dans ces établissements, ils n'y séjournent que peu de jours, les arrivages des plantations étant organisés de manière à renouveler régulièrement les approvisionnements. Le nombre des embarcations de toute espèce employé par les marchands et les planteurs de la baie, est estimé à 1500, en y comprenant les bateaux qui font la pêche des huîtres et des clams.

Les oyster-boats paient une redevance à la ville pour l'emplacement qu'ils occupent le long des quais.

Les marchés principaux pour la vente des mollusques au détail, sont Fulton-Market et Washington-Market.

Fulton-Market, situé à deux pas de la rivière de l'Est, dont il est séparé seulement par la largeur du quai, est un grand établissement de forme disgracieuse, où se trouvent réunies les différentes branches du commerce des comestibles. Une sorte de régularité y règne dans la disposition des boutiques, mais, néanmoins, il n'y a rien là qui ressemble aux installations si bien ordonnées de nos marchés de Paris, ou autres grandes villes de France. Ici, on se sent au milieu d'une population accoutumée à prendre ses aises, et profitant largement de cette liberté américaine, qui dégénère trop souvent en licence.

Plusieurs personnes, à Fulton-Market, s'occupent du commerce des mollusques, et malgré l'exiguité de la place qui leur est concédée, tiennent en même temps des espèces de restaurants, très-curieux à visiter à l'heure de midi, où beaucoup de commerçants et d'ouvriers du quartier viennent y prendre leur repas. Ce sont des établissements populaires dans toute la force du terme, où les huîtres accommodées de diverses façons composent le fond de la nourriture.

Devant les comptoirs des marchands sont installés de grands fourneaux de tôle, ordinairement rectangulaires, de 2 mètres d'élévation sur 2 mètres de longueur et 70 à 80 centimètres de largeur. La partie supérieure, servant de réceptacle à la fumée, est terminée par un gros tuyau allant à l'extérieur; la partie inférieure garnie intérieurement de briques réfractaires, peut contenir une forte quantité de charbon de terre destinée à produire un feu très-ardent, sur lequel, et à le toucher, est placé un gril de fer servant à faire cuire les aliments, et notamment les huîtres rôties qui sont un des mets de prédilection des Américains.

Je n'entrerai point dans le détail des différentes préparations vendues par ces restaurants, toutefois, comme l'huître rôtie est une chose spéciale à l'Amérique du Nord, je crois devoir en dire quelques mots.

Les mollusques dont on se sert pour cet objet sont de forte taille et viennent généralement du New-Jersey ou de la rivière de l'Est. On les place sur le gril la valve bombée en dessous, et dès que la chaleur les a suffisamment cuits dans leur eau, le cuisinier les retire du feu et les sert aux consommateurs. Cette manière de manger les grosses huitres est excellente, surtout lorsqu'on les saupoudre d'un peu de poivre, et qu'on a soin de les arroser de quelques gouttes de jus de citron.

Rien ne saurait donner une idée plus exacte des

habitudes du peuple américain qu'une visite dans ces restaurants, où se trouvent souvent réunis à la même table les éléments les plus divers de la société. Les établissements de ce genre sont nombreux à Fulton-Market, font de grosses affaires, et quelques-uns d'entre eux écoulent jusqu'à 10,000 coquillages par jour dans la saison d'hiver.

A Washington-Market, les boutiques des marchands n'ont rien qui approche du confort de celles de Fulton-Market, et, bien que le commerce y soit fort considérable, il n'y existe point de restaurant ; car on ne saurait donner ce nom à de petits emplacements dans lesquels on sert de la soupe aux huîtres pour le peuple.

Les mollusques se vendent dans les marchés, soit en nature, soit enlevées de l'écaille, et à cet effet, les marchands entretiennent un certain nombre d'ouvriers dont l'occupation consiste à ouvrir les coquilles pour en retirer la chair. Chacun de ces hommes a devant lui une sorte de petite enclume de quelques pouces de longueur sur laquelle il casse le bord des huîtres avec un morceau de fer plat dont un côté sert de marteau, tandis que l'autre est aiguisé en forme de lame. Il fait ensuite pivoter dans sa main cette espèce de couteau, introduit la lame entre les valves, enlève la chair et la jette dans un plat à moitié plein d'eau qui se trouve sur l'établi.

Le travail marche ainsi très-rapidement et les ouvriers peuvent gagner de 8 à 10 dollars par semaine, suivant leur dextérité; quelques-uns gagnent jusqu'à 15 dollars, mais ce sont ordinairement des hommes de confiance, chargés par les propriétaires de s'occuper de la vente.

New-Haven. — Fair-Haven.

New-Haven, l'une des capitales du Connecticut, le cède seulement à Baltimore comme importance du commerce des huîtres. L'industrie huîtrière s'y divise en deux branches distinctes : la culture proprement dite des mollusques, et les différents travaux que nécessitent les expéditions aux villes de l'intérieur.

Les plantations principales sont situées dans la baie, sur une étendue de quatre mille mètres environ, laissant libre, toutefois, les chenaux de navigation qui conduisent au port (1), commençant à petite

---

(1) Comme dans la plupart des localités où l'on cultive les huîtres, les plantations sont indiquées par des perches divisant le terrain en parcelles régulières. Quoique très-légères, ces perches sont enfoncées dans le sol avec tant de force, qu'elles peuvent résister aux chocs les plus violents. Dans mes courses sur les plantations, le bateau qui me conduisait naviguait à la voile, et à chaque instant, soit d'un bord, soit de l'autre, appuyait contre quelques-unes d'elles sans jamais les casser. Au milieu de pareils obstacles, il n'est pas possible du reste, de manœuvrer plus habilement des embarcations, que ne le font les marins de la baie.

distance de la tête du grand môle, elles s'étendent presque sans interruption, d'un côté jusqu'au sud de la pointe de sable, et de l'autre, jusqu'à l'anse Morris, et les terrains maritimes où elles sont établies, découvrent en partie pendant les grandes marées ; quelques-uns néanmoins sont constamment immergés et varient de profondeur, depuis un pied jusqu'à six pieds de basse mer. Le fond est de sable vaseux, mélangé, dans certaines parties, d'herbes marines assez abondantes, la couche de vase sur laquelle reposent les huîtres ayant de deux à trois pouces d'épaisseur.

Rien n'est plus curieux que le spectacle qu'on a devant soi, lorsqu'on se place à l'entrée du port. Aussi loin que la vue peut s'étendre, on aperçoit la baie couverte de myriades de perches, dont l'extrémité se balance sous l'impulsion des vents et des courants; on dirait une forêt submergée dont les sommités des arbres dépasseraient encore le niveau des eaux !

Dé distance en distance, sur les plantations, on rencontre, mouillées sur une ancre ou amarrées à des poteaux, de grandes chaloupes dans lesquelles sont construites des espèces de maisonnettes, affectées au logement des hommes chargés de surveiller les dépôts. Elles sont au nombre de quatre, ayant chacune un gardien spécial, dont les salaires mensuels, s'élevant à la somme de 140 *francs* environ, sont payés par la communauté des planteurs. Ce gardiennage est d'autant plus indispensable que la majeure partie des plantations, étant fort éloignées du port, pourraient être dévalisées avec impunité, pendant la nuit principalement.

Les huîtres cultivées dans la baie y séjournent en grande partie jusqu'à l'automne, où les travaux d'expédition se font sur une plus large échelle. A cette époque, les planteurs en consomment journellement de grandes masses, de sorte qu'il n'en reste plus une seule sur les bancs au moment où le froid commence à sévir. Cette manière de procéder est imposée à la fois par la rigueur de la température hivernale, et le peu de profondeur des fonds cultivés (1).

Cinq cents marins environ sont employés par les planteurs pour semer des huîtres au printemps, et pour repêcher dans la belle saison celles qui sont nécessaires aux besoins du commerce.

Obligés d'aller sur les bancs à toute heure de la marée, étant exposés en outre à naviguer dans des bas-fonds où il n'y a souvent que très-peu d'eau, ils ont adopté des embarcations de construction parti-

---

(1) Bien que les huîtres proviennent des contrées méridionales, il est probable néanmoins qu'il serait facile d'en conserver dans la baie de New-Haven, pendant la saison d'hiver, en ayant soin de les immerger dans une eau profonde.

6.

culière nommées sharpees, ne tirant que quelques pouces d'eau et marchant cependant avec une grande vitesse. Entièrement plates en dessous, avec un avant très-fin et le tableau de l'arrière fort incliné, ces embarcations sont munies d'un dériveur leur permettant d'aller à la voile. Leur voilure, extrêmement simple, consiste en une ou deux voiles triangulaires s'enverguant sur des mâts dont les extrémités un peu flexibles sont terminées en pointes. En outre, des perches légères, installées comme dans la voilure à la Livarde, servent à tendre les voiles du sharpee, de manière à ce qu'elles soient entièrement plates. Il en résulte que lorsque l'embarcation, naviguant au plus près, se trouve chargée par le vent et s'incline sur le côté, il arrive un moment où le vent glisse sur les voiles et ne tend plus à faire chavirer. Cette voilure, reconnue la seule convenable, a été adoptée par tous les marins.

Les sharpees peuvent porter communément de 70 à 80 boisseaux de mollusques (1).

Les bancs de New-Haven jouissent d'une grande réputation, relativement à la culture des huîtres, et on estime à 250,000 boisseaux la quantité qui est plantée annuellement.

---

(1) Ces embarcations, d'ailleurs, très-élégantes de forme, seraient employées en France avec avantage dans les baies, les rivières, les étangs, etc., où la mer ne se fait point sentir avec violence.

Les établisseiments destinés au commerce d'expédition se trouvent, pour la plupart, à Fair-Haven, charmant village bâti dans une des situations les plus pittoresques qu'il soit possible de voir (1). Coupé en deux par le Quinipiac, ses deux parties communiquent ensemble au moyen d'un pont et du viaduc du chemin de fer de Boston (2); les ateliers des marchands sont placés des deux côtés de la rivière, et plusieurs sont construits, en partie, dans l'eau, afin que les pêcheurs puissent décharger plus aisément leurs embarcations.

L'opération d'enlever les huîtres de l'écaille est faite exclusivement par des femmes, Irlandaises pour la plupart, qui procèdent, à peu de chose près, comme on le fait à New-York. Assise devant un établi contenant une certaine quantité de mollusques, chacune d'elles est munie d'un petit marteau avec

---

(1) Quelques marchands sont établis à la pointe Oyster, dans l'ouest de la baie.

(2) En face de Fair-Haven, le Quinipiac, très-encaissé dans ses rives, est large de près de 200 mètres et se trouve abrité contre les vents du sud et de l'est, par une chaîne de collines boisées, parallèle à son cours. Il forme, jusqu'à son entrée dans la baie, une belle nappe d'eau, où les courants de flot et de jusant se font sentir avec une grande intensité, mais non cependant de manière à bouleverser les plantations établies dans le lit de cette rivière. Plusieurs marchands, avant d'employer les huîtres provenant de la baie, les déposent pendant deux ou trois jours dans le Quinipiac dont les eaux légèrement saumâtres, améliorent et donnent un meilleur aspect à la chair de ces mollusques.

lequel elle brise le bord des coquilles sur une lame de fer implantée dans l'établi ; elle prend ensuite un couteau à lame mince, ouvre l'huître et jette la chair dans un seau de bois qui se trouve à sa droite.

Les femmes reçoivent 8 cents par gallon de mollusques, en y comprenant l'eau qu'ils entraînent avec eux. A ce prix, les plus adroites peuvent gagner deux dollars par jour, pendant l'hiver, où le travail dure toute la journée ; mais plus ordinairement les salaires ne dépassent pas un dollar et demi. On évalue à 7 ou 800 le nombre de celles qui vivent de cette industrie, et certains expéditeurs en emploient jusqu'à 60 à la fois.

Dès qu'une Irlandaise a fini d'emplir une mesure, le surveillant de l'atelier l'inscrit à son compte, et la vide immédiatement dans une trémie de fer blanc, percée de trous, placée sous le robinet d'une fontaine. Il lave la chair des huîtres à grande eau, en la remuant à mesure avec la main, afin que les débris d'écailles soient entraînées par le courant, puis il jette le tout dans un tonneau.

Suivant les saisons, les marchands expédient les huîtres crues dans de petits barils de bois, nommés kegs, ou dans des boîtes de fer blanc (cans) de la contenance d'une pinte.

Pendant l'hiver, les barils de bois sont considérés comme suffisants, tandis que dans la belle saison, et toutes les fois que la température est un peu élevée, ou que le lieu de destination est éloigné, on se sert exclusivement de boîtes.

Les travaux d'emballage se font dans l'atelier ou dans un local attenant, mais quels que soient les vases où on renferme les huîtres, elle ne peuvent être mélangées de plus d'un quart de leur volume d'eau pure (1). Un ouvrier ferblantier est attaché à chaque maison pour fermer les boîtes, en soudant une rondelle de ferblanc sur l'ouverture ; elles sont ensuite déposées dans un réfrigérateur jusqu'au moment de les envoyer au chemin de fer.

Lorsqu'on fait des envois à des villes éloignées, celles de l'Ouest, par exemple, les boîtes sont emballées dans des caisses de bois de sapin, pouvant ordinairement en contenir quatre douzaines. L'arrimage est fait très serré, et on laisse au milieu de la caisse, une place vide, destinée à recevoir un petit bloc de glace servant à conserver la marchandise jusqu'à destination. (1)

---

(1) Dans l'Etat de New-York, les marchands reconnus coupables d'avoir expédié ou vendu des huîtres dans des boîtes ou des barils contenant plus du quart de leur volume en liquide, sont passibles d'une amende de 20 dollars.

(1) Lorsqu'ils font des envois à petite distance, les marchands emploient un procédé plus économique encore. Les huîtres, mélangées avec des morceaux de glace, sont placées dans des espèces de charniers, munis d'un couvercle, et mises au chemin de fer sans

Le nombre de barils et de boîtes consommés annuellement à Fair-Haven est si considérable qu'il a donné lieu a des industries spéciales occupant 150 personnes environ. Deux manufactures se sont établies pour la confection de ces objets, et celle qui fabrique les kegs emploie la vapeur comme force motrice. Tout s'y fait mécaniquement, une machine taillant les douvelles des barils, une seconde faisant les fonds, d'autres enfin perçant les trous ou tournant les bouchons.

Les barils se vendent en gros aux prix suivants :

Barils de la contenance d'un gallon, 1 dollar 8 cents la douzaine; (1)

Barils de la contenance d'un demi gallon, 94 cents la douzaine;

Les boîtes de ferblanc valent 5 dollars 50 cents le cent.

Les huîtres en chair sont divisées en deux catégories. Celles de grande taille valent 20 cents de plus par gallon; les boîtes se vendent en moyenne 3 dollars 1|2 la douzaine, chacune d'elles pouvant contenir de 70 à 100 mollusques.

En 1858, la consommation totale des établisse-

---

autres précautions. C'est ainsi qu'on les expédie à Hartfort, Syracuse, Utica et autres localités peu éloignées.

(1) On fait des barils de la contenance de 2, 1, 3/4, 1/2 et 1/4 de gallon de capacité.

ments de Fair-Haven fut de 2,000,000 de boisseaux de mollusques.

Il est reconnu depuis longtemps que peu d'industries en Amérique peuvent donner autant de bénéfices que celles des expéditions d'huîtres. En 1856, le *Journal le Commerce* rapportait qu'une seule maison de Fair-Haven avait gagné près de 100,000 dollars dans les quatre dernières années. Cette même année, la maison Lewi-Rowe, qui avait des succursales à Buffalo, Détroit, Cleveland, etc , expédia 150,000 gallons pour sa part. Elle employait 20 navires pour ses approvisionnements et occupait de 75 à 100 jeunes filles dans ses ateliers durant la saison d'hiver.

Vingt-cinq à trente maisons se partagent aujourd'hui la plus grande masse des affaires, quelques-unes expédient jusqu'à 1,500 gallons de mollusques par jour.

Les huîtres plantées dans la baie de New-Haven et dans le Quinipiac, étant toutes consommées avant l'Hiver, les établissements de Fair-Haven sont approvisionnés dans cette saison par des envois réguliers de la Chesapeake ou de la Delaware. A l'arrivée des goélettes faisant les transports, les huîtres sont placées à terre dans des magasins, ou conservées dans les cales des bâtiments, jusqu'à ce que toute la provision soit consommée.

Il y a quelques années, le commerce de **Fair-Ha-**
ven était beaucoup plus important qu'aujourd'hui,
surtout dans l'ouest. Depuis lors les expéditeurs ont
été supplantés en partie sur le marché de St-Louis
par ceux de Baltimore qui ont des communications
bien plus faciles avec cette localité.

En 1857, 200 à 250 goëlettes faisaient les voyages
de la Chesapeake pendant six mois de l'année, pour
approvisionner les industriels du Connecticut. Aujourd'hui ce nombre ne dépasse pas 100.

Boston

Le Massachusetts, bien que l'un des plus petits
États de l'Union, relativement à l'étendue du territoire, est néanmoins un de ceux dont l'influence se
fait le plus sentir dans la contrée. Par son commerce,
l'intelligence pratique des habitants, leur esprit
d'entreprise, etc., il marche en tête du mouvement
industriel, comme aussi il est sans rival pour l'importance des institutions littéraires et scientifiques.
Situé sur l'Atlantique, de la manière la plus favora-
ble pour les industries maritimes en général, tout
ce qui tient à la grande et à la petite pêche y jouit
d'une remarquable prospérité. Les parages de Nantucket, du cap Cod, de Plymouth et du cap Ann, etc.,
nourrissent d'énormes quantités de homards, les
plages abondent en bivalves comestibles; enfin, sui-

vant les saisons, d'immenses colonnes de poissons voyageurs, tels que les morues, les flétans, les maquereaux, les aloses et les harengs, viennent, chaque année, apporter la richesse aux vaillantes corporations de pêcheurs qui vivent sur les côtes.

Dans le tonnage général des pêcheries américaines, le Massachusetts compte, à lui seul, pour plus de moitié.

La ville de Boston, capitale de l'État, entre naturellement pour une large part dans ce mouvement industriel et maritime, et, pour ne parler que de l'industrie huîtrière, la seule dont j'aie d'ailleurs à m'occuper ici, je dirai que cette ville joue dans l'approvisionnement des Etats du Nord, le même rôle que Baltimore et Fair-Haven remplissent dans ceux du centre et de l'ouest. Bâtie sur une presqu'île, dans l'intérieur d'une baie, défendue contre la mer du large par une ceinture d'îlots, elle est presque entièrement entourée de vastes nappes d'eau salée où se trouvent accumulées les meilleures conditions pour la culture de l'huître, suivant la méthode américaine. Quatre rivières, dont les plus importantes sont Charles'river et le Mystic-river, se jettent en outre dans la baie et concourent à augmenter encore les éléments de l'industrie locale (1).

---

(1) Les plantations d'huîtres sont nombreuses dans la baie, sur les fonds émergents de Bird-Island et de Hog-Island. On en rencontre

Dix marchands principaux s'occupent des différentes branches du commerce des huîtres. L'un d'eux, M. Higgins père, m'a fourni beaucoup de détails sur cette question, et m'a procuré la majeure partie des mollusques que j'ai envoyés en France; à la fois marchand, planteur et propriétaire d'un *oyster-house* bien achalandé, nul autre ne pouvait, mieux que lui, me donner des renseignements précis.

Son établissement, semblable en tout à ceux de ses confrères, est situé sur le quai du City-Warf, partie du port plus spécialement réservée au stationnement des bateaux de pêche. Il consiste en un magasin de neuf mètres de largeur sur huit mètres de profondeur, disposé d'ailleurs de la façon la plus économique, et tout autour dans l'intérieur règne, à hauteur d'appui, une sorte de lit de camp horizontal, d'un mètre et demi de large, sur lequel on peut placer de grandes quantités d'huîtres. De distance en distance, de petits carrés de bois d'un pouce d'épaisseur, cloués sur le bord du lit de

---

beaucoup aussi dans le Charles'-river et le Mystic-river. Toutefois, comme elles ne peuvent suffire au commerce de la belle saison, on y supplée par les plantations du Cap-Cod dont les produits passent en majeure partie à l'approvisionnement du marché de Boston. La quantité d'huîtres plantées au printemps, dans ces diverses localités, s'élève environ à 100,000 boisseaux.

camp, indiquent la place des travailleurs, et fournissent en outre un point d'appui commode, pour
ouvrir les coquillages. Placés les uns à côté des autres, de manière à ne point se gêner dans leurs
mouvements, ces hommes, la main gauche envelop-
pée d'un gant de grosse toile, exécutent leur travail
avec un couteau particulier, consistant en une
lame d'acier mince et effilée, de deux pouces et
demi de longueur, taillée en langue de carpe, et
emmanchée dans un morceau de bois rond. Lorsqu'un ouvrier veut ouvrir une huître, il la saisit
avec la main gauche, la pose sur le morceau de bois
carré, la partie opposée à la charnière lui faisant
face, perce ensuite le bord de la coquille de manière à introduire la lame du couteau entre les
valves, coupe le muscle, enlève la chair, et la jette
dans une mesure de ferblanc qui est à côté de lui.

J'ai constaté à plusieurs reprises que les hommes
expérimentés pouvaient ouvrir ainsi 18 huîtres à
la minute. Nulle part, je n'ai vu ce travail s'exécuter avec autant de rapidité, et comme on ne brise
point le bord des coquilles, il en résulte que la denrée est bien moins mélangée de débris. Au fur et à
mesure que les approvisionnements placés sur le lit
de camp sont consommés, quelques personnes se
détachent pour en apporter de nouveaux. Quant
aux écailles, chaque ouvrier les jette dans un

tonneau placé à sa droite, et dès qu'il est rempli, le roule à la porte de l'atelier et le vide sur la voie publique.

Les salaires sont fixés à 10 cents par gallon de mollusques en chair, et dans l'hiver, les bons travailleurs peuvent gagner jusqu'à 3 dollars par jour, lorsque les huîtres sont de moyenne taille, les petites étant beaucoup plus défavorables (1).

Six cents ou sept cents hommes sont employés annuellement à ce travail, la plupart d'entr'eux s'occupant en même temps de l'exploitation des plantations de la baie, pour le compte de leur patron.

Les travaux d'emballage, la fermeture des barils et des boîtes en ferblanc, l'empaquetage dans les caisses avec l'auxiliaire de la glace, etc., tout se fait de la même manière qu'à Fair-Haven, et en usant des mêmes précautions (2).

---

(1) Les principaux débouchés des marchands sont les villes du Massachusetts, du New-Hampshire, du Vermont et du Canada, notamment Québec et Montréal.

(2) Pour les envois à petite distance, pendant la belle saison, il est assez d'usage d'employer des vases de ferblanc semblables à ceux dont se servent nos laitières. Les huîtres y sont placées avec des morceaux de glace qui suffisent pour les conserver jusqu'au lieu d'arrivée. Les industriels de Boston étant en rapport continuel avec les marchands des villes voisines, ces derniers leur envoient journellement des vases marqués à leur adresse, qui leur sont immédiatement retournés pleins. Rendues à destination, les huîtres sont également mises dans la glace et doivent être consommées dans les trois jours qui suivent.

Chez M. Higgins, les huîtres crues sont conservées jusqu'au moment de l'emballage dans des caisses doublées en zinc, de la contenance de 50 à 60 gallons, où elles sont mélangées de morceaux de glace. En hiver, les établissements d'expédition sont approvisionnés de la même manière que ceux de Fair-Haven.

Baltimore.

Baltimore est, de toutes les villes des États-Unis qui s'occupent du commerce des huîtres, celle où les expéditions à l'intérieur et à l'étranger sont les plus considérables. Du reste, aucune localité n'est plus avantageusement située pour ce genre d'affaires. Par sa position sur une rivière navigable, débouchant dans la baie de la Chesapeake, elle est à même de recevoir des chargements de mollusques sans avoir à payer des frais de transports élevés, comme aussi elle peut écouler rapidement les produits de son industrie par les différents chemins de fer qui convergent vers elle.

Depuis trente ans environ, la capitale du Maryland est devenue le marché principal où les villes de l'Ouest viennent s'approvisionner d'une denrée plus appréciée de jour en jour par les populations. Une chose fort singulière, néanmoins, c'est que jusqu'à ces dernières années, les publicistes ne se sont pour

ainsi dire point occupés de ce commerce, et c'est
à peine s'il en est fait mention dans les statis-
tiques annuelles de l'État. Les seuls documents un
peu complets que j'ai pu me procurer ne remontent
pas au-delà de 1856, époque à laquelle le journal
l'*Américan,* de Baltimore, consacra un article sommaire à cette question.

Depuis le commencement de la guerre civile, une
grande perturbation a été apportée dans les affaires;
aussi les renseignements consignés dans cet article
se rapportent-ils plus spécialement à la situation de
l'industrie huîtrière telle qu'elle était il y a deux ans.
Ces renseignements sont extraits, en grande partie, de l'excellente publication imprimée à New—
York sous le nom de *Merchant's and Commercial
Review.*

En dehors de ce qui est nécessaire à la consommation de la ville, les maisons d'expédition envoient
dans l'intérieur les huîtres à l'état naturel, enlevées
de l'écaille ou préparées en conserves alimentaires,
en employant les procédés de conservation dont j'ai
parlé dans les articles précédents (1).

---

(1) Les huîtres consommées par les expéditeurs proviennent à la
fois de pêche directe des bancs et des plantations établies sur les
côtes du Maryland et de la Virginie. Depuis quelques années, il en
vient de grandes masses sur les marchés, qui sont pêchées dans les
parages de Norfolk, et sont très-appréciées, en raison de leur taille

Les huîtres en écaille, ainsi que la marchandise crue, sont expédiées aux villes de l'ouest et du nord-ouest ; quant à l'article conservé où mariné, une partie prend la même direction, tandis que l'autre est embarquée pour la Californie, l'Australie, les Antilles et quelques marchés européens, où la première de ces préparations jouit d'une grande faveur.

La ville de Saint-Louis du Missouri, est le centre des expéditions dans l'intérieur des États de l'Ouest.

D'après les documents officiels publiés par l'État du Maryland, en 1840, les commerçants de Baltimore consommaient 710,000 boisseaux d'huîtres à cette époque.

Pendant la saison de 1856 à 1857 du mois de septembre au mois de mai), les envois se répartirent de la manière suivante :

Huîtres en écaille

A Cincinnati et Chicago......	400,000	boisseaux.
Autres Villes...............	400,000	»
Consommation de Baltimore..	150,000	»
A reporter......	950,000	boisseaux.

et de leur qualité supérieure. Dans le Maryland, les plantations les plus importantes se trouvent dans les comtés de Saint-Mary, de Dorchester, de Talbot et de Sommerset. Dans la Virginie, elles sont situées dans les comtés de Northampton, d'Accomack, d'York, de Gloucester, de Norfolk, de Lancastre et de Middlesex.

Report............   950,000   »

Huîtres enlevées de l'écaille, à l'état
cru ou préparées en conserve

En Californie.   200,000   »
A Saint-Louis..............   150,000   »
Autres Villes..............   310,000   »
Ports Étrangers............   50,000   »

TOTAL . ... 1,660,000 boisseaux (1).

Pendant la saison de 1859 à 1860, les affaires furent excellentes, et commencèrent avec beaucoup d'activité. Au mois de septembre, les demandes en huîtres crues, emballées avec de la glace, furent très-nombreuses, et les produits furent peut-être supérieurs à ceux des années précédentes, surtout en ce qui concernait les huîtres de grande taille pêchées sur les bancs du large (2). La marchandise se maintint constamment à un prix convenable, et les principaux marchands travaillèrent jour et nuit pendant tout l'hiver. Quant à l'article en conserves, préparé pour l'exportation étrangère, il fut aussi

---

(1) En 1858, il fut constaté que dans l'année officielle se terminant au mois de septembre, les chemins de fer transportèrent environ 2,543,620 livres pesant d'huîtres en boîtes. La consommation générale s'éleva à 3,500,000 boisseaux.

(2) Ce sont des huîtres pêchées dans les grands fonds de la baie de la Chesapeake qui, moins exploitées que les autres, fournissent des produits de plus grandes dimensions.

tiès-demandé et se vendit à un prix raisonnable, quoique les huîtres en écaille eussent augmenté de prix. Pendant cette saison, les ateliers consommèrent parfois jusqu'à 25,000 boisseaux par jour.

Une moitié des principaux expéditeurs s'occupait plus particulièrement de la marchandise crue, et l'autre des préparations en conserves. Le nombre des navires employés à cette époque à l'approvisionnement du marché de Baltimore, était diversement estimé de 800 à 1200 (1).

Dans la saison de 1860 à 1861, malgré l'état de souffrance du commerce en général, les marchands d'huîtres firent néanmoins des affaires importantes, les premiers mois principalement. Du 1er septembre au 15 juin, on consomma 3,000,000 de boisseaux, c'est-à-dire 10,000 boisseaux par jour en moyenne. Les deux tiers des mollusques livrés aux expéditeurs, furent emballés avec de la glace à l'état cru, et envoyés dans l'ouest.

Cette année, la situation commerciale était répartie de la manière suivante :

---

(1) Une partie des bâtiments employés dans la baie au transport des huîtres à Baltimore, consiste en espèces de goëlettes nommées *pungies*, particulières à la Chesapeake, et marchant avec une grande rapidité ; elles portent de 300 à 900 boisseaux d'huîtres par voyage.

Nombre des principales maisons
  d'expédition 30
Quantité d'huîtres vendues sur
  le marché de Baltimore . . . . .   3,000,000 de boisseaux.
Prix de revient des huîtres à 35
  cents par boisseau . . . .   1,050,000 Dollars.
Navires employés au transport. 500
Personnes employées aux différents travaux que nécessite
  l'industrie des expéditeurs . .   3,000
Capitaux engagés dans le com-
  merce . . . .   1,800,000 Dollars.
Valeur commerciale de la mar-
  chandise préparée   3,000,000   »

Pour ne pas répéter de nouveau ce que j'ai dit ailleurs, je ne parlerai point de la manière dont s'exécutent à Baltimore les différentes opérations de l'industrie des expéditeurs, tout se faisant à peu de chose près comme à Fair-Haven. Les huîtres sont ouvertes ordinairement par des personnes de couleur appartenant aux deux sexes, tandis que les ouvriers blancs s'occupent de la mise en boîtes, de la préparation des conserves, de l'emballage, etc. Il est d'usage, à Baltimore, d'emballer les boîtes de mollusques crus dans des caisses de trois pieds et demi de longueur sur 17 pouces de largeur et 8 pouces de profondeur seulement. Les boîtes sont arrimées avec soin, et on laisse un espace vide dans le milieu pour placer un bloc de glace.

M. Malby, riche marchand ayant gagné une fortune de 10,000,000 de francs à ce commerce, m'a assuré que pendant la saison chaude, on plaçait les caisses dans les wagons glacières disposés de manière à ce qu'un courant d'air froid passât continuellement sur la marchandise.

L'emballage des huîtres crues, enlevées de l'écaille, et la préparation des conserves, forment aujourd'hui une des industries les plus lucratives de Baltimore, et nulle autre branche de commerce ne présente une base plus solide, puisque la demande des articles en question est continuelle et que les ventes se font ordinairement au comptant. L'importance de cette industrie, sur laquelle je ne saurais trop m'appesantir, est une des preuves les plus saisissantes de l'influence que peut avoir sur la fortune publique l'ostréiculture développée sur une large échelle. 2 ou 3,000 marins naviguent sur les bâtiments qui approvisionnent les maisons d'expédition, 2,000 personnes des deux sexes s'emploient à ouvrir les huîtres, 200 ouvriers travaillent à fermer les boîtes, à les emballer et à confectionner les caisses. Enfin la fabrication des boîtes exige 300 ferblantiers. On suppose que la valeur des feuilles de fer blanc et de la soudure employées annuellement, s'élève à 150,000 dollars et que le nombre de pieds de sapin servant à confectionner les caisses d'emballage, est de près d'un million.

CHAPITRE IV

CONSIDÉRATIONS GÉNÉRALES

SUR L'HISTOIRE NATURELLE DES CLAMS COMESTIBLES

Soft clam (Mya Arenaria)

Le soft clam est, après l'huître, le bivalve le plus utile du littoral américain, au double point de vue de l'alimentation publique et de l'industrie de la pêche, à laquelle il fournit l'un des appâts les plus estimés que l'on connaisse. Son extrême abondance dans les parages où on le rencontre, le bon marché auquel le vendent les pêcheurs, la facilité avec laquelle chaque personne peut s'en procurer en allant sur les bancs au moment de la marée basse, tout contribue, en un mot, à faire de ce mollusque, une des ressources les plus précieuses pour la nourriture des classes pauvres (1).

____

(1) Dans quelques localités, la mya arénaria a conservé son ancien nom indien de *maninose*.

Ses caractères les plus essentiels sont les suivants :

Coquille ovale, équivalve, presque équilatérale, mince, bâillante sur deux extrémités et principalement à la partie postérieure, qui ne peut jamais être fermée, par suite de la conformation des valves. Surface extérieure, ridée, exhaussée en quelques endroits par des lignes de croissance qui font saillie. Couleur générale : tantôt d'un blanc crayeux, tantôt d'un bleu-noir plus ou moins foncé, la valve gauche est munie d'une dent cardinale très-saillante, aussi large que longue ; l'impression musculaire est double et le ligament qui réunit les deux valves est entièrement caché par les sommets. Dans les sujets de grande taille, les syphons ont près de deux pouces de longueur.

Comme je l'ai dit dans l'introduction de cet ouvrage, les soft-clams forment, sur le littoral de la Nouvelle-Angleterre, d'immenses gisements sans cesse exploités par les populations, sans que pour cela on ait remarqué une diminution notable dans leurs produits.

Les parages où on les trouve en plus grande abondance que partout ailleurs, sont les grèves émergentes des comtés de Banstable et d'Essex dans le Massachusetts. A mesure qu'on descend vers le Sud, ils deviennent plus rares, et si j'en crois ce qui m'a été rapporté à ce sujet, ils ne dépassent point la latitude de l'embouchure de la Delaware. Ils sont si nombreux dans la baie de Boston que j'ai pu moi-même, dans un mètre carré de superficie, en déterrer plus de cent de toutes les tailles, sur les plages de governor's Island.

Les fonds qui leur conviennent le mieux sont les sables mélangés d'une grande quantité de vase où ils peuvent s'enfoncer plus ou moins profondément, suivant les saisons. Dans les sables purs, dans les graviers trop compactes, ils se développent moins et n'atteignent guère que deux pouces et demi de longueur, tandis que dans les vases facilement pénétrables, ils parviennent généralement à 3 pouces et demi de longueur. Le docteur Gould a possédé un spécimen qui mesurait cinq pouces et demi.

La couleur et l'épaisseur des coquilles sont elles-mêmes extrêmement variables, suivant le milieu où on pêche l'animal. — Dans les sables, elles sont presque blanches ; si le gravier prédomine, elles sont plus résistantes ; dans les fonds vaseux, au contraire, elles prennent une teinte bleuâtre plus ou moins prononcée.

Les soft clams sont, dans toute l'acception du mot, de véritables coquillages de grève, vivant à la manière des Solens, des Tellines et des Donaces, dans les bancs qui découvrent à la marée, et dans certaines localités, on les trouvé à quelques pieds seulement, du point du rivage où vient mourir le flot, au moment de la haute mer. Il en résulte alors que pendant les grandes chaleurs de l'été, il sont exposés une partie de la journée à une température très-élevée. En hiver, où les glaces couvrent souvent pendant plusieurs semaines le littoral de la Nouvelle-Angleterre, les pêcheurs prétendent que les clams quittent les parties élevées des bancs et se rapprochent de la mer. Je ne sais jusqu'à quel point cette assertion est fondée, n'ayant pas été à même de la vérifier, mais j'incline plutôt à penser que les mollusques en question s'enfoncent tout simplement à une plus grande profondeur dans les sables, à mesure que la température devient plus rigoureuse. — Ce qui semble le prouver, c'est qu'on les pêche également dans cette saison, en ayant soin de casser préalablement la glace. Quoi qu'il en soit de la réalité de cette émigration, il est reconnu qu'ils peuvent, sans mourir, supporter une température très-basse, puisque M. Agassis a souvent trouvé, dans l'intérieur de ces mollusques, des aiguilles de glace qui ne paraissaient nullement les incommoder.

L'époque du frai, au dire des pêcheurs, doit être placée dans les mois de juin et de juillet. Quant au temps nécessaire pour qu'ils atteignent toute leur

croissance, il est complètement inconnu, les naturalistes américains n'en ayant fait l'objet d'aucune
étude. Ce temps doit néanmoins être assez long, si
on en juge par les différences si peu sensibles qui
existent dans le jeune âge, entre des spécimens
appartenant évidemment à des pontes distinctes.

Les gisements de clams se trouvent ordinairement
dans les parties de la côte les plus abritées ou du
moins dans celles qui ne sont point exposées à une
grosse mer capable de bouleverser les bancs et de
changer leur niveau. J'ai observé ce fait plusieurs
fois à Nahant, résidence d'été d'une partie de l'aris-
tocratie financière de Boston. Dans toute la partie
Est de cette presqu'île battue par la mer du large,
on ne rencontre pas une seule mye des sables, mais
en revanche, dans la partie ouest, où règne un calme
relatif, elles sont très-communes.

La pêche se fait à l'aide d'une bêche, lorsque la
marée laisse les bancs à découvert. Les retraites de
clams sont d'ailleurs reconnaissables à une foule de
petits trous par lesquels ils lancent un jet d'eau aussitôt qu'on foule le sol autour d'eux ou qu'on l'é-
branle avec l'instrument. Cette habitude si caracté-
ristique leur a fait donner par le peuple un nom fort
peu poétique, mais d'une saisissante exactitude.
Dans certaines parties du sound de Long-Island, les

porcs ont l'habitude d'aller à mer basse sur les bancs pour manger des clams dont ils sont très-friands. Ils les déterrent avec beaucoup de sagacité, et savent parfaitement à quel moment ils doivent retourner au rivage afin de ne pas être surpris par la marée montante.

La consommation de ces mollusques est considérable en toute saison, principalement en été, sur le littoral des États du Nord, depuis New-York jusqu'à la frontière du Maine, mais, nulle part, elle n'est aussi élevée qu'à Boston

Dans la plupart des localités, les pêcheurs de profession vendent les soft-clams dans leur état naturel ; dans d'autres, à New-York, par exemple, ils les enlèvent généralement de la coquille et les envoient au marché, enfilés par paquet de vingt-cinq. — On les vend alors à raison de 75 cents le cent.

Les marchands de coquillages conservent, pendant l'été, la chair des clams en la mélangeant avec des morceaux de glace ; en hiver, cette précaution n'est pas nécessaire. Du reste, en toute saison, la pêche est basée sur la consommation habituelle, afin que les approvisionnements soient journellement renouvelés.

La cuisine américaine tire un grand parti de ces mollusques pour une foule de préparations culinaires, parmi lesquelles la plus populaire est, sans contredit, une espèce de soupe que l'on apprécie beaucoup à Boston (1).

Quelle que soit, disons-le toutefois, l'importance des

(1) Dans le Rhode-Island et le Massachusetts, les soft-clams servent, chaque année, de prétexte à des fêtes très-curieuses (nommées clams-bakes), qui ne sauraient être passées sous silence. La description suivante est extraite d'un ouvrage d'Histoire Naturelle publié aux États-Unis :

« Les clams-bakes qui ont lieu chaque saison près de Bristol, » ainsi que dans plusieurs autres localités de Rhode-Island et du » Massachusetts, proviennent d'une tradition indienne.

» Les aborigènes de ces contrées étaient dans l'usage de se réunir » chaque année en grand nombre pour faire un grand repas, com- » posé de clams et de maïs vert, cuits ensemble entre des couches » d'algues marines. Le moderne clam-bake est un perfectionnement » de l'ancien. A cet effet, on dispose sur le sol, avec de grosses » pierres, une couche circulaire de dix pieds de diamètre, sur la- » quelle on fait un feu assez ardent pour les rougir entièrement. On » place par dessus une couche d'algues supportant une couche de » clams de trois pouces d'épaisseur, recouverte elle-même par une » nouvelle couche d'algues ; vient ensuite une couche de maïs vert » dans son enveloppe, mélangé de pommes de terre et autres légu- » mes, puis une couche de poulets cuits et assaisonnés, puis une » autre couche d'algues, puis encore une couche de poissons et de » homards recouverte par de nouvelles algues. — On répète ces » couches suivant le nombre des personnes qui prennent part à la » fête, et lorsque la pile est terminée, on la recouvre entièrement » avec une toile, afin d'empêcher la vapeur de s'échapper. Quand le » tout est cuit à point, chacun se sert sans façon. Le luxe de ce » festin est au-dessus de toute description, et l'on affirme que ja- » mais personne n'en a été incommodé. Autrefois, les guerriers In- » diens les plus renommés venaient de fort loin pour assister à ces » fêtes ; aujourd'hui elles sont le rendez-vous des hautes classes de » la société, qui s'y rencontrent souvent au nombre de plusieurs » centaines de personnes. »

soft-clams, au point de vue de la nourriture des populations du littoral, cette importance est plus grande
encore en ce qui concerne l'industrie de la pêche. Il
y a longtemps déjà que les pêcheurs américains se
sont aperçus de la prédilection marquée que beaucoup de poissons, et particulièrement ceux du genre
morue, avaient pour la chair des clams, quelleque
fût la forme sous laquelle elle leur était présentée. Ce
fait, démontré par l'expérience, était facile à pré-
voir; tous les marins fréquentant les bancs de Saint-
Georges et de Terre-Neuve, ayant observé cent fois
que les morues consomment pour leur nourriture
beaucoup de bivalves analogues aux clams des côtes, que l'on nomme en histoire naturelle, *Mya trun-
cata*. On en trouve fréquemment dans le ventre de ces
poissons.

Les clams destinés à servir d'appât sont employés
vivants ou à l'état de salaison, suivant que la pêche
doit s'effectuer sur le littoral ou sur les bancs du
large. Dans le premier cas, ils sont enveloppés dans
des pièces de filets et conservés dans les viviers dont
sont pourvus la majeure partie des bateaux qui pêchent sur la côte. Lorsque cette installation n'existe
pas, on peut également les garder à sec pendant
plusieurs jours, en les plaçant dans un endroit frais.
Dans le second cas, après les avoir tirés de la coquille
on les sale, on les embarille soigneusement et on les

vend pour 5 à 6 dollars le baril aux armateurs qui s'occupent de la pêche à la morue sur les bancs de Terre-Neuve et de l'île de Sable.

En 1840, le docteur Gould évaluait à 40,000 boisseaux la quantité de clams nécessaires annuellement pour la confection des appâts salés ; et en outre, une quantité au moins égale était employée sans préparation par la pêche côtière.

Les clams salés sont encore employés, avec succès, dans la pêche du maquereau, où l'on s'en sert comme rogue pour attirer ce poisson et le faire mordre à l'hameçon.

Round-Clam (Venus Mercenaria).

Le round-clam est une espèce de Vénus comestible presque aussi abondante sur les côtes que la mya arenaria, et rivalisant avec elle, comme article alimentaire ; néanmoins, comme objet d'économie servant à l'industrie de la pêche, elle est loin d'avoir la même importance.

Dans quelques localités, les populations lui ont conservé le nom de Quahog, par lequel le désignaient les anciens aborigènes de l'Amérique septentrionale, qui fabriquaient avec la partie violette de la coquille, des espèces de colliers colorés nommés wampums, leur servant de monnaie courante. Les mollusques qu'ils employaient venaient en majeure

partie de l'île de Long-Island, appelée l'île des Coquilles, dans le langage imagé des Indiens Mohi-
cans.

Le round-clam a la coquille transverse, régulière,
épaisse, fortement renflée avec les bords crénelés, et
trois dents cardinales à chaque valve; la surface extérieure présente de nombreuses lignes concentri-
ques quelque peu proéminentes, la partie rappro-
chée des sommets est toujours plus ou moins usée ;
le ligament de couleur brune est large et très-appa-
rent; la lunule est ovale; la surface extérieure, ordinairement d'un blanc sale, est quelquefois bleuâtre suivant les terrains maritimes où on a pêché
l'animal. L'impression musculaire est double, et les
bords intérieurs des valves plus ou moins colorés en
violet selon l'âge des spécimens que l'on examine.
Les sujets parvenus à toute leur croissance ont communément trois pouces et demi de longueur, deux
pouces et demi de largeur, et deux pouces d'épaisseur.

Une espèce de Vénus très-rapprochée, la Vénus
Notata, ressemble beaucoup à celle dont je viens de
parler, et n'est probablement qu'une de ses variétés.

Les round-clams sont répandus avec une grande
profusion sur le littoral Américain, depuis de Cap
Cod jusqu'à l'extrémité de la presqu'île des Flori-

des (1). Ils habitent en général dans les golfes, les baies, les embouchures des grands fleuves, moins exposés que le reste de la côte à être battus par la mer du large, leurs gisements variant de profondeur depuis six pieds jusqu'à vingt-cinq au-dessous du niveau de la basse-mer. Ainsi que tous les mollusques de la même famille, ils affectionnent particulièrement les sables fortement vaseux où ils s'enfouissent de quelques pouces seulement, les syphons dirigés vers la surface du sol. Pendant mon séjour dans l'île de Long-Island, il m'est arrivé fréquemment de pêcher des clams dont les coquilles étaient couvertes de végétations marines, preuve évidente du peu de profondeur à laquelle ils s'enterrent dans les vases.

Les marins pêchent les clams aux moyens des tongs et des rateaux, en allant se placer sur les gisements avec des embarcations, au moment convenable de la marée.

Les tongs en usage sont exactement semblables à ceux qui servent à prendre les huîtres : quant aux

---

(1) Nulle part les clams ne sont en une si grande abondance que dans le sound de Long-Island, dans la grande baie du sud de cette île, dans la baie de Sandy-Hook, sur les côtes du Jersey et à l'embouchure de la Delaware. — On en pêche encore de grandes quantités dans la baie de la Chesapeake, ainsi que dans les sounds d'Albemarle et de Pamlico.

rateaux, ils sont entièrement en fer, larges de 60 à
70 centimètres, avec des dents demi-circulaires,
dont la courbure fait l'office de la poche en filet dans
les rateaux ordinaires. — Ces dents, espacées entre
elles d'un pouce et quart environ, peuvent avoir
50 à 60 centimètres environ dans tout leur développement.

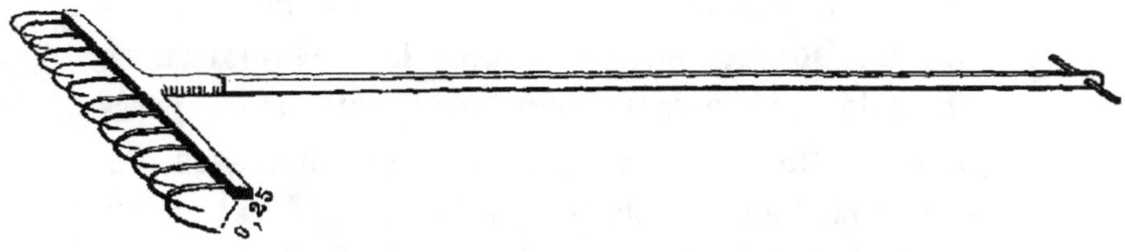

Rateau pour pêcher les rounds-clams.

Les rateaux sont emmanchés sur des perches légères de 20 à 25 pieds de longueur, suivant la
profondeur des terrains à exploiter.

Je répèterai ici ce que j'ai dit à propos des huîtres, sur les grands avantages que présentent ces
instruments pour exploiter les petits fonds. Non-seulement on n'est point exposé à détruire un grand
nombre de coquillages en pure perte comme on le
ferait avec des engins plus pesants, mais encore,
grâce à l'écartement des dents dont ils sont armés,
il n'arrive que rarement d'en prendre de petites dimensions. — Les bancs ne sauraient donc être dépeuplés.

Les tongs et les rateaux, dont j'ai fait venir des modèles d'Amérique pour le bureau des pêches, méritent, selon moi, d'être vulgarisés sur nos côtes où ils rendront certainement d'utiles services aux pêcheurs! En outre, je ne doute pas qu'avec leur secours, on ne parvienne à découvrir dans nos baies de l'Océan et de la Méditerranée, des gisements de mollusques inconnus aujourd'hui. Nous ne saurions nous dissimuler, en effet, que la reconnaissance exacte de nos richesses coquillères, est encore presque entièrement à faire par suite des entraves des anciens règlements sur la pêche. L'exploration du fond de la mer, au moyen des instruments en question, ne présente d'ailleurs aucun inconvénient au point de vue de la multiplication du poisson, si j'en crois l'opinion des pêcheurs Américains.

Les round-clams ne sont l'objet d'aucune industrie spéciale, ayant pour but de les améliorer ou de les faire croître promptement, et de même que les païres doubles de la Méditerranée, ils ne sont jamais plus délicats que lorsqu'ils viennent d'être fraîchement pêchés; néanmoins, dans beaucoup de localités, on en forme des dépôts, dans des anses ou des criques bien abritées, afin d'en avoir constamment sous la main pour les exigences du commerce (1).

---

(1) A New-London, les marchands de poissons ont à côté de leurs établissements, bâtis sur pilotis au bord de la mer, des installations

En général, les pêcheurs approvisionnent directement les marchands en réglant, autant que possible, la production de la pêche sur la consommation ordinaire. Les clams sont, du reste, tellement vivaces, qu'il est possible en toute saison de les conserver plusieurs jours hors de l'eau en les tenant à l'ombre. Pendant le temps frais, ils vivent ainsi plus de quinze jours et peuvent être expédiés par les chemins de fer, à des localités fort éloignées de l'intérieur du continent.

En été, la consommation de ces mollusques, dans les villes de New-York (1) et de Philadelphie, est très-considérable, et dépasse de beaucoup celle des mya arenaria. Vendus comme ces dernières, soit dans leur état naturel, soit enlevés de la coquille, ils servent à confectionner une foule de plats, dont le plus estimé est le clam-chowder. Beaucoup de gens mangent crus les sujets de petite taille, et pour ma part, lorsqu'on les arrose de quelques gouttes de jus

---

spéciales pour conserver les round-clams. Elles consistent tantôt en caisses flottantes, pouvant en contenir plusieurs milliers, tantôt en parcs de bois établis à l'abri du soleil, entre les pilotis, de manière à être couverts par la marée, pendant plusieurs heures chaque jour. — Les mollusques vivent longtemps dans ces réserves, pourvu qu'ils ne soient pas entassés en trop grand nombre.

(1) A New-York, les clams en coquilles valent 3 dollars et demi le mille, chez les marchands de Washington-Market et de Fulton-Market.

de citron, je les trouve aussi délicats que les clovisses et les païres doubles, si chères aux Marseillais.

L'acclimatation des round-clams, en Europe, présente, je crois, au moins autant de chances de succès que celle des huîtres de la Virginie, et ceux que j'ai pu faire parvenir en France, au nombre de cinq ou six mille, vivent aujourd'hui sur nos côtes, sans que ce changement de milieu, paraisse le moindrement les incommoder.

On peut poser en principe que partout où l'on rencontre des païres doubles, des pétoncles et des palourdes, on est certain d'y faire également prospérer les Venus mercenaria. — Le reste ne sera plus qu'une question de temps !

Avant de terminer cet exposé succinct de l'industrie coquillère des États-Unis, je crois devoir insister encore sur l'utilité de propager la mya arenaria sur nos rivages de l'Océan, ne serait-ce qu'au point de vue de la pêche côtière.

Depuis mon retour d'Amérique, M. Fournier, commissaire de l'inscription maritime, à Dunkerque, m'a fourni sur la mya des sables des mers du Nord, des renseignements précieux, de nature à faire faire un grand pas à la question. Ce bivalve (je l'ignorais entièrement) se trouve en abondance dans les parages de Dunkerque, notamment dans le bassin des Chasses, et certes, lorsque l'illustre

professeur Agassiz énumérait à Sa Majesté l'Empereur, les nombreux avantages que présenterait pour
la France l'acclimatation du clam de Boston, il était
loin de se douter que nous avions sous la main tous
les éléments de cette utile entreprise. Pour être bien
certain que les bivalves en question sont bien les
mêmes que ceux que M. Burkardt et moi avons vai-
nement essayé d'importer d'Amérique, je m'en suis
fait apporter quelques douzaines par le capitaine
de l'un des steamers qui font les voyages entre le
Havre et Dunkerque.

Parmi les spécimens qui me furent remis le
30 juin 1863, il y en avait de toutes les tailles, et
l'un d'eux mesurait un peu plus de trois pouces de
longueur sur deux de large. Au premier coup d'œil
je reconnus les *Soft-clams* de la Nouvelle-Angleterre. Les coquilles bâillantes aux deux bouts
avaient la même conformation tourmentée, et par
l'ouverture supérieure l'animal projetait un long
syphon musculeux, pouvant se contracter de manière à rentrer tout entier dans l'intérieur des
valves; la dent cardinale avait la même forme et la
même grandeur relative; la couleur extérieure des
écailles était d'un blanc sale, quelquefois bleuâtre; enfin, sous tous les rapports, ces coquillages
étaient identiques à ceux d'Amérique. Poussant plus
loin mon examen, j'ai goûté les myes des salles de

Dunkerque crues, j'en ai fait accommoder de diverses façons et les ai trouvées excellentes; toutefois, comme elles provenaient d'un bassin où l'eau de mer n'est pas suffisamment renouvelée, elles étaient un peu moins délicates que celles des bancs de la baie de Boston; mais en les transplantant dans un milieu plus convenable, elles rivaliseraient sans doute avec ces dernières.

L'importance de ce fait que le soft-clam de l'Amérique du Nord vit dans les parages de Dunkerque, n'échappera à personne, en ce sens qu'il montre la possibilité, je dirai même la certitude, de réaliser le programme du professeur Agassiz. Une fois propagé sur plusieurs points du littoral, ce mollusque fournira un appât sans rival pour la pêche côtière, et, en le préparant salé, il pourra être utilisé pour la pêche de la morue en Islande et à Terre-Neuve. Nous savons combien à certaines époques de l'année, nos pêcheurs du littoral se procurent difficilement de l'appât pour garnir leurs hameçons, témoins ceux du Havre qui, dans la saison de la pêche des gros-yeux, paient parfois les petites seiches cinq centimes la pièce et ne peuvent pas toujours en avoir en quantité suffisante. La mye des sables comblerait cette lacune !

L'ensemencement de quelques grèves émergentes de la Bretagne et de la Normandie au moyen de ces

coquillages serait donc un véritable bienfait pour les
populations maritimes, et si on ne les y rencontre
pas, cela tient probablement à la mobilité des bancs
des parages de Dunkerque, ainsi qu'à la violence
des courants; en un mot, les conditions hydrographiques sont telles que, livrées à elles-mêmes, les
myes des sables ne peuvent franchir les espaces qui
les séparent d'autres parties du littoral où elles vi-
vraient à merveille si la main de l'homme les y
transplantait.

Il y a là tout au moins une expérience à faire, qui
ne saurait d'ailleurs être coûteuse, puisqu'une fois
l'emplacement choisi, il suffira de quelques jours
pour y porter une colonie de mollusques, en employant à cette opération un des bateaux à vapeur
garde-pêche du 1er arrondissement maritime.

FIN DE LA PREMIÈRE PARTIE

DEUXIÈME PARTIE

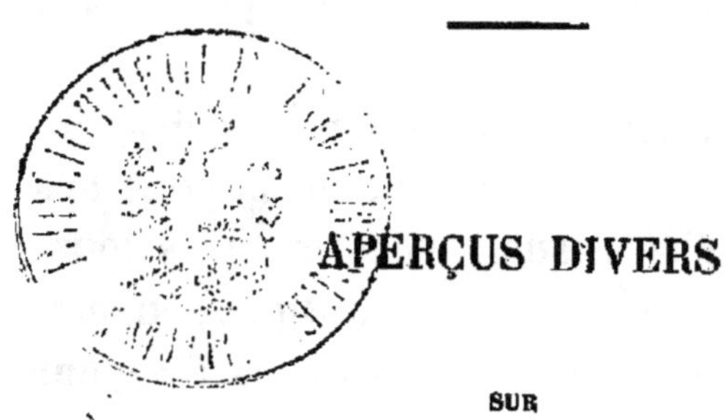

APERÇUS DIVERS

sur

LA PÊCHE COTIÈRE

CHAPITRE PREMIER

PÊCHE DU FLÉTAN

Un des poissons qu'on trouve le plus communément en Amérique, sur les marchés des villes maritimes, est le *halibut* (flétan des mers du Nord) dont nos pêcheurs de Terre-Neuve ne font aucun cas, par suite d'un préjugé aussi absurde que celui qu'ont les Anglais à l'égard de la raie. La chair du halibut possède cependant toutes les qualités qui peuvent la faire rechercher par les consommateurs : blanche, ferme, délicate, elle manque peut-être de saveur, mais en revanche, elle se prête aux combinaisons culinaires les plus diverses, et lorsqu'elle a été fumée, elle peut, selon moi, rivaliser avec les meilleures préparations du même genre. Quelle que soit la manière de l'arranger, elle est aujourd'hui tellement appréciée aux États-Unis, que les marins font de la pêche du halibut l'objet d'une industrie importante, qu'ils combinent en général avec celle de la morue, soit qu'ils l'effectuent sur les côtes ou sur les bancs du large.

Le flétan se trouve en abondance sur les rivages de la Nouvelle-Angleterre, sur ceux des possessions anglaises, ainsi que sur les bancs de Saint-Georges, de l'île de Sable et enfin sur celui de Terre-Neuve (1). Géant de la famille des *pleuronectes*, il parvient à des dimensions telles, que parmi les poissons de mer comestibles, on peut le considérer comme l'analogue du bœuf parmi les animaux de boucherie. On en prend souvent du poids de cent livres, et l'on cite de nombreux exemples de pêcheurs qui en ont capturé d'un poids plus considérable encore. Il y a quelques années, il en parut un sur le marché de Boston qui pesait 400 livres, et un autre que l'on

---

(1) Le flétan habite également toutes les mers du nord de l'Europe où il est l'objet d'une pêche importante de la part des Islandais et des Norwégiens principalement. Les Anglais et les Hollandais en consomment d'assez grandes quantités pour leur nourriture.

prit en 1807, à New-Ledge, à 60 milles dans le sud-est de Portland, dépassait 600. D'après cela, il est véritablement étonnant que des poissons représentant une masse aussi considérable de substance alimentaire, n'aient point attiré depuis longtemps l'attention des pêcheurs français de Terre-Neuve ou d'Islande, et ne leur ait pas suggéré l'idée d'essayer d'en tirer parti.

Pendant la belle saison, on pêche les halibuts dans des eaux peu profondes, à quelques milles seulement du rivage ; mais à mesure que le temps devient plus rigoureux, ils émigrent vers les bancs du large où on doit les suivre pour les capturer. Une partie de ceux que l'on prend sur les côtes ainsi que sur les bancs de Saint-Georges et de l'île de Sable, sont apportés frais sur les marchés, en employant les procédés de conservation en usage en pareil cas. Les sujets de petite taille sont conservés dans les viviers, tandis que ceux de grande dimension sont placés dans les glacières des bâtiments. Les pêches les plus importantes sont faites par des schooners de 70 à 120 tonneaux de jauge appartenant aux États du Maine, du Massachusetts, du Rhode-Island et du Connecticut. — Ils embarquent pendant l'été de 20 à 25 tonnes de glace à chaque expédition.

Cette pêche est devenue si avantageuse par suite de la grande faveur dont jouit le flétan auprès des consommateurs, que certaines localités se trouvant un peu éloignées des parages fréquentés par les maquereaux, ont presque abandonné la pêche de ce dernier poisson pour s'occuper plus spécialement de la première, qui est beaucoup plus certaine. Le port de New-London est dans ce cas.

En outre des grands bateaux dont je viens de parler, il y en a encore beaucoup de plus petits, qui se livrent à la même industrie, mais ne s'écartent guère de leur port d'armement au-delà de 50 milles.

Quant aux pêcheurs qui prennent le halibut sur le grand banc de Terre-Neuve, concurremment avec la morue, ils le découpent en longues tranches longitudinales, afin de pouvoir le saler plus facilement, et au retour le livrent à des industriels qui s'occupent de le fumer de la même manière que le saumon.

Dans le courant de l'année 1858, il se vendit sur le marché de Gloucester dans le Massachusetts, 200,000 kilogrammes de halibut frais.

La pêche totale des bateaux-pêcheurs du port de New-London est estimée actuellement à environ 1,500,000 kilogrammes. En 1861, la valeur du halibut pris par les pêcheurs de Gloucester fut de 120,000 dollars. Par ces exemples que je pourrais multiplier, puisque partout sur le littoral de la Nouvelle-Angleterre on s'occupe de cette pêche, il sera facile de se rendre compte de la masse de nourriture fournie annuellement à la consommation publique par ce seul poisson.

Nos pêcheurs de Terre-Neuve ne pourront évidemment jamais apporter en France du halibut frais, mais qui les empêcherait de le saler comme font les Américains? Quels que soient leurs préjugés à cet égard, je ne doute pas qu'une fois fumée, la chair de ce poisson ne soit accueillie avec faveur par nos populations, d'autant qu'on pourra la leur livrer à 7 ou 8 sols la livre, prix ordinaire qu'elle vaut à Boston.

Les Américains comprennent si peu notre manière d'agir, que l'un d'eux m'a dit plusieurs fois que, si le gouvernement français voulait l'autoriser à pêcher dans les pêcheries de Terre-Neuve réservées à nos nationaux, il s'engagerait à ne prendre que du halibut et à déposer à Saint-Pierre toutes les morues qu'il viendrait à capturer. M. le consul de France, à Boston, a reçu plusieurs fois des ouvertures dans le même sens.

L'antipathie irréfléchie de nos pêcheurs devrait être combattue par le seul fait, qu'elle cause un préjudice notable à l'alimentation publique, et qu'il est d'ailleurs impossible d'admettre qu'un poisson consommé par les classes élevées d'un pays aussi riche que les États-Unis en produits de toute nature, puisse être en lui-même une mauvaise chose, à laquelle on ne saurait accoutumer nos compatriotes. Pour ma part je serais fort embarrassé de dire lequel je préfère, du saumon ou du halibut fumé.

Avant mon voyage en Amérique, je ne connaissais le flétan que par les descriptions des naturalistes, sans savoir qu'il fût l'objet d'une pêche aussi importante ; mais depuis que j'ai été à même de juger des ressources qu'il fournit à toutes les classes de la population américaine, je trouve que nos marins commettent une insigne folie en négligeant une pareille source de bénéfices.

Le meilleur moyen de relever la pêche française de son état de malaise, c'est de lui faire comprendre qu'elle doit faire flèche de tout bois et ne point dédaigner sans motifs les richesses qu'elle trouve à sa portée. Lorsqu'une nation compte, comme la nôtre, une nombreuse population à nourrir, c'est presque commettre une mauvaise action que de la priver d'un élément d'alimentation à la fois économique et agréable !

Dans bien des cas, d'ailleurs, la pêche du flétan pourrait devenir un utile auxiliaire de celle de la morue et en comblerait les déficits.

En résumé, sans m'étendre plus longuement sur cette question, je pense qu'il conviendrait de la faire étudier sur les lieux de pêche à Terre-Neuve ou en

Islande, afin de tenter au moins un essai. L'appât pour prendre le halibut, dont la gloutonnerie est proverbiale, se compose de poissons salés du genre hareng, n'ayant pour ainsi dire aucune valeur en Amérique, tellement ils sont abondants et de qualité inférieure. Ce sont les mêmes dont on se sert pour attirer le maquereau et pour fumer les champs de maïs. Le baril d'appât tout préparé se vend à raison d'un dollar à un dollar et demi; s'en procurer sera la chose du monde la plus facile, et M. le consul de France, à Boston, pourra en expédier à Saint-Pierre autant qu'on le jugera convenable (1).

Quelques personnes objecteront sans doute que, si véritablement cette question présentait autant d'intérêt que je le prétends, on n'aurait pas attendu si longtemps pour la signaler. Ce raisonnement n'aurait pour moi aucune valeur, car rien ne saurait en définitive aller contre la vérité. Je n'ai point le mérite d'avoir découvert quoi que ce soit qui n'eût pu être constaté mille fois mieux par nos consuls ou par toute autre personne compétente; mais enfin j'ai vu, j'ai touché du doigt, j'ai goûté et reconnu

---

(1) Il est inutile de se préoccuper de la question de l'appât, attendu qu'il n'y aura qu'à employer celui dont se servent les pêcheurs Islandais et Norwégiens.

que la chair du flétan est supérieure à celle d'une
foule de poissons qui paraissent sur nos marchés.
Ne pouvant me refuser à l'évidence, je considère
comme un devoir de signaler le fait!

CHAPITRE II

COMMERCE DE LA GLACE AUX ÉTATS-UNIS

EMPLOI DE CETTE SUBSTANCE DANS L'INDUSTRIE DE LA PÊCHE CÔTIÈRE

La propriété que possède la glace de préserver les corps organisés de la corruption, a été constatée depuis des siècles ! Personne n'ignore aujourd'hui qu'un animal, recouvert après sa mort d'une épaisse couche de cette substance, peut se conserver pour ainsi dire éternellement ; témoin ce Mammouth antédiluvien, trouvé par les Russes sur les bords de la mer Glaciale, dont la chair servit à nourrir les ours blancs, bien qu'elle eût séjourné pendant des milliers d'années dans un bloc de glace. Les Groënlandais, les Lapons, les Samoyèdes, tous les peuples enfin qui habitent la zone boréale, n'ont, on le sait, d'autre manière de garder leurs provisions que de les exposer à la gelée et de les enterrer ensuite sous la neige.

En présence de faits aussi bien établis et sur lesquels les voyageurs et les naturalistes ont appelé
tant de fois l'attention publique, il est difficile de
comprendre comment il se fait que les nations euro-
péennes, avancées en civilisation, n'aient point songé
à utiliser la glace comme moyen ordinaire de conserver les denrées alimentaires. La plupart, il
est vrai, s'en servent habituellement pour ra-
fraîchir les boissons et confectionner des sorbets
délicats; quelques-unes l'emploient accidentellement
pour la conservation de certains produits, mais
néanmoins on peut affirmer que nulle part, dans
l'ancien monde, elle n'est pour les populations un
objet de consommation usuelle.

Les Américains des États du Nord de l'Union,
avec l'esprit si éminemment positif de leur race,
ont eu bien garde de dédaigner une pareille source
d'économie domestique, et, de bonne heure, ils ont
reconnu les avantages qu'ils pouvaient en retirer
dans les besoins journaliers de la vie. Habitant une
contrée où, à latitude égale, les étés sont plus chauds
et les hivers plus froids qu'en Europe, ils ont compris que le meilleur moyen d'atténuer les fâcheuses
influences d'une température trop élevée, était pré-
cisément d'utiliser les ressources que la Providence
avait mises à leur portée. Dans ces États, en effet,
depuis la Virginie jusqu'à la frontière du Canada,

le froid est assez rigoureux en hiver pour qu'il soit possible de recueillir chaque année d'abondantes provisions de glace. De ce côté, disons-le, les Américains sont placés dans des conditions plus favorables que la plupart des peuples de l'Europe; mais il est juste de reconnaître qu'ils ont su en profiter avec une intelligence qu'on ne saurait trop admirer.

Dès l'année 1792, quelques fermiers du Maryland avaient fait construire de petites glacières pour leur usage personnel, et sans doute il en existait dans beaucoup d'autres localités. A partir de cette époque, l'emploi de la glace se répandit rapidement.— Dans tous les grands centres de population des États du Nord et du Centre, ayant à proximité des lacs, des étangs, des marais ou des cours d'eau convenables, il se forma des compagnies pour l'exploitation de cette branche de commerce. De vastes établissements s'élevèrent de tous côtés pour recevoir les approvisionnements annuels de la substance conservatrice, et se multiplièrent au fur et à mesure que la consommation s'étendit davantage. L'art mécanique, appelé bientôt au secours de la nouvelle industrie, vint faciliter les travaux, diminuer les frais d'exploitation et en vulgariser tout naturellement l'emploi ; en même temps, les industriels s'ingénièrent à construire des appareils réfrigérateurs pour renfermer les denrées alimentaires et arriver à tirer tout le parti possible de la substance en question. Il existe aujourd'hui une foule de ces appareils de tous les modèles et de toutes les dimensions, depuis le simple réfrigérateur des familles, contenant quelques livres de glace seulement, jusqu'à celui du boucher ou du marchand de comestibles, qui peut en recevoir une centaine. L'esprit inventif des Américains a prévu tous les cas (1).

Modèle d'un réfrigérateur pour les familles.

(1) Les réfrigérateurs employés par les familles consistent en espèces de coffres rectangulaires en bois à parois épaisses de trois pouces, revêtues intérieurement d'un doublage en feuilles de zinc. Ils sont ordinairement divisés en deux compartiments : l'un pour mettre la glace et l'autre pour déposer les denrées à conserver..... Le lait, le beurre, la viande, le poisson, etc , sont placés, en été,

Dans l'origine, l'usage de la glace fut presqu'entièrement limité aux États du Nord, mais il se répandit bientôt dans ceux du Sud, où son action salutaire était encore plus précieuse. Un négociant dont le nom doit être inscrit parmi les bienfaiteurs de l'humanité, M. Frédéric Tudor, de Boston, entreprit en 1805 de transporter par mer des chargements de glace dans les contrées intertropicales. Les premiers essais furent loin d'être heureux, la guerre vint d'ailleurs les entraver, mais rien ne pouvant lasser sa persévérance, il les reprit à la paix et enfin, après vingt ans de traverses continuelles, pendant lesquels sa fortune fut souvent compromise, il finit par doter la capitale du Massachusetts, d'une nouvelle branche de commerce.

En Europe, la glace, à de rares exceptions près, est consommée par les classes riches et ne constitue à vrai dire qu'un objet purement de luxe. Aux États-Unis, au contraire, grâce au bas prix auquel les marchands la livrent, elle est devenue une des denrées les plus communes, un article de première nécessité dont les populations ne sauraient se passer

---

dans ces appareils, jusqu'au moment de les consommer. Lorsque la glace est immédiatement en contact avec les corps à conserver, elle leur enlève une partie de leur saveur, surtout s'il y a commencement de fusion, mais on obvie à cet inconvénient en les soumettant seulement au froid qu'elle produit.

dans la saison chaude, tant il leur rend de services. Et, disons-le, son emploi de tous les instants, a produit une véritable révolution dans l'alimentation publique, en ce sens qu'une masse de produits se perdaient autrefois pendant les grandes chaleurs, qui rentrent aujourd'hui dans la consommation (1).

Les bouchers, les épiciers, les marchands de comestibles, de poisson, etc., en font un usage continuel pendant la plus grande partie de l'année. Les familles bourgeoises en reçoivent chaque jour une provision, comme à Paris on reçoit une provision d'eau. Dès six heures du matin, dans les villes américaines, on voit les rues sillonnées par les voitures des marchands de glace, déposant à la porte de leurs clients, un ou plusieurs blocs de cette substance suivant l'importance des commandes. La navigation elle-même s'est enrichie de ce moyen de conservation

---

(1) Dans les campagnes où l'absence des voies de communication et l'élévation des prix de transport, etc., ne permettent pas de faire venir la glace des centres de production, les cultivateurs installent des glacières à côté de leurs fermes et les remplissent pendant l'hiver. Si, par hasard, il n'existe point dans le voisinage, des étangs ou des cours d'eau, ils creusent une grande mare qui, se remplissant pendant la saison des pluies, leur fournit en hiver la provision de glace nécessaire aux besoins de l'année. Les glacières en question, construites d'ailleurs avec beaucoup d'économie, rendent de grands services en été pour la conservation du beurre, du laitage et autres denrées comestibles. On y garde également des fruits.

à la fois si simple et si efficace, et les bateaux à vapeur transatlantiques des différentes lignes américaines et anglaises, desservant les États-Unis, n'en emploient pas d'autres maintenant pour préserver les provisions du voyage d'une détérioration prématurée. Bon nombre de bâtiments à voiles, principalement ceux qui portent des passagers, s'en servent également, de sorte que l'inconvénient majeur d'embarquer des animaux vivants et de les tuer pendant la traversée, a pu être ainsi complètement supprimé.

Le prix de la glace varie annuellement selon que la récolte a été plus ou moins abondante. Néanmoins il se maintient toujours à un chiffre modéré. — Le tableau suivant donnera une idée des prix ordinaires à Boston :

1° 9 livres de glace fournies tous les jours pendant cinq mois de l'année, du 1er mai au 1er octobre, se paient...................... 5 dollars

2° 15 livres prises de la même façon .... 8 »

3° 24 livres .... 12 »

4° les bouchers, épiciers, marchands de poisson, etc., qui prennent 100 livres par jour, les paient à raison de............... 0,17 cents

5° les hôtels, restaurants, pâtissiers, etc., qui consomment 500 livres, paient la tonne à raison de...................... 3 dollars

6° Lorsqu'on vend la glace en grande quantité, pour l'embarquer, par exemple, on livre le tonneau à raison de,.............. 2 dollars

Depuis l'initiative prise par M. Tudor, d'envoyer des chargements de glace dans les contrées méridionales de l'Amérique, d'autres industriels se sont lancés dans la même voie, et l'on compte aujourd'hui à Boston plusieurs compagnies s'occupant de ce commerce. Les étangs de Fresh-Pond, de Spy et de Neyham, etc., situés dans les environs de la ville, sont les points où ils récoltent leurs produits, et l'on n'estime pas à moins de trois cent mille tonnes, la quantité de glace qu'ils peuvent emmagasiner dans leurs glacières (1).

---

(1) Les glacières sont ordinairement en bois, quelques-unes néanmoins sont faites en briques. Vues de loin, elles ressemblent à d'immenses maisons rectangulaires, mesurant de 100 à 200 pieds de longueur, avec une hauteur et une largeur proportionnelles. — Les bords de l'étang de Fresh-Pond, dans le voisinage de Boston, sont couverts de ce genre de constructions.

On recueille la glace dans les mois de décembre et de janvier, époque à laquelle elle est généralement parvenue à l'épaisseur de 9 à 20 pouces, nécessaires pour une bonne conservation. Ceux qui s'occupent de cette industrie se servent, dans les différents travaux, d'un système complet de machines et emploient la vapeur comme force motrice pour amener la récolte à la porte des glacières et l'arrimer dans l'intérieur. L'expérience ayant démontré que la glace se conservait d'autant mieux qu'elle était en morceaux plus volumineux, il est d'usage de la couper en blocs carrés de 4 à 5 pieds de côté. Pour mettre autant que possible les approvisionnements à l'abri de la température extérieure pendant la belle saison, on isole la glace des murs des glacières, en interposant des corps mauvais conducteurs, tels que: du charbon, de la sciure de bois, des copeaux de menuisier, des enveloppes de riz, des résidus de tan, etc. (Voir la note *D*).

C'est depuis 1852 que le commerce d'exportation a pris surtout un grand développement. Cette année là, la quantité de glace embarquée fut seulement de 4,352 tonnes, mais en 1854 elle s'éleva à 156,540 tonnes, sur lesquelles 100,000 environ furent envoyées aux États du Sud de l'Union.

Charlestown, Mobile, et principalement la Nouvelle-Orléans, étaient, avant la guerre, les principaux débouchés de Boston, et, dans chacune de ces villes, de grandes glacières servaient à recevoir les chargements à mesure qu'ils arrivaient du Massachusetts.

Les navires de Boston transportent la glace dans l'Inde, aux Antilles, au Brésil, au Chili, en Australie, etc., et quelquefois même en Europe. D'après les relevés de la douane, les exportations, en 1859, se répartirent de la manière suivante :

1° A divers points des Etats du Sud........	88,486	tonnes
2° Au Callao............................	3,727	»
3° A Rio-Janeiro........................	1,725	»
4° A Cuba	7,966	»
5° A Alexandrie (Egypte)................	330	»
6° Australie...........................	787	»
7° Aux Indes Orientales (1).............	14,037	»

(1) Les armateurs transportant la glace dans l'Inde, considèrent comme un excellent résultat de pouvoir sauver la moitié du chargement. — Toutes les précautions en usage dans les glacières sont employées à bord des bâtiments.

Comme il est inutile de mentionner tous les ports qui reçurent des chargements, qu'il suffise de dire que cette même année, le chiffre total des exportations s'éleva à 129,403 tonnes.

En 1847, la quantité de glace consommée dans la ville de Boston était de 25,000 tonnes ; en 1854 elle fut de 60,000.

Dans les environs de New-York, on en récolte annuellement 280,000 à 300,000 tonnes, qui passent presque entièrement à la consommation de la ville et des localités voisines. — Les principales glacières se trouvent sur les bords du lac de Rockland, qui fournit à lui seul plus de 100,000 tonnes.

Baltimore, Philadelphie et Washington récoltent, en hiver, dans leurs environs, ce qui est nécessaire à la consommation annuelle ; toutefois, la glace de luxe, servie dans les hôtels et les restaurants, vient ordinairement de Boston.

Quel que soit le point de vue sous lequel on considère le commerce de la glace aux États-Unis, on ne peut méconnaître qu'il a augmenté la richesse nationale et développé le mouvement maritime dans de notables proportions. Grâce à la persévérance de M. Tudor, plusieurs contrées du globe sont aujourd'hui tributaires des Américains pour une denrée n'ayant pour ainsi dire aucune valeur sur les lieux de production. Faire de l'or dans de pareilles conditions, n'est-ce pas, je le demande, le véritable quine de la spéculation? Voilà pourtant ce qui a été réalisé dans le Nouveau-Monde !

En 1854, on évaluait à 7,000,000 de dollars le chiffre des capitaux engagés dans les différentes branches du commerce de la glace, et à 10,000 le nombre de personnes s'occupant des différents travaux d'exploitation. Les glacières des environs de Boston en emploient maintenant 3,000 pour leur part.

Emploi de la Glace dans la pêche côtière.

La pêche côtière, dont les produits sont si exposés à se corrompre pendant les grandes chaleurs, a été naturellement une des premières industries à profiter des avantages dont je viens de parler. Les marchands de poisson du littoral emploient une énorme quantité de glace, non-seulement pour conserver les poissons, les crustacés et les mollusques destinés à la consommation des habitants, mais encore pour en expédier des provisions aux villes de l'intérieur. Les propriétaires de glacières ont, en général, des dépôts à proximité des marchés, dans le but de satisfaire plus facilement à toutes les demandes. A Fulton-Market, New-York, dans le local affecté aux produits de la pêche, les tables sur lesquelles on étale le poisson, mesurent de 3 à 4 mètres carrés de superficie, sont légèrement inclinées et munies d'un rebord de 6 pouces d'élévation, afin d'empêcher la marchandise mélangée de morceaux de glace, de glisser sur le sol. Lorsque la vente est terminée, les poissons, également entremêlés de glace concassée, sont déposés jusqu'au lendemain dans des caisses disposées le long des murs. A Boston, les marchands se servent, dans le même but, de grands réfrigérateurs munis de couvercles.

A New-London, un des ports du Connecticut, où la pêche est la plus florissante, j'ai visité une boutique installée avec plus d'intelligence encore. Le propriétaire avait fait construire, dans l'intérieur, une véritable glacière ayant la forme d'une petite chambre carrée avec des parois parfaitement calfatées, épaisses de 4 pouces environ ; une ouverture, percée à hauteur d'appui et fermant avec un panneau plein, permettait d'entrer dans cette glacière, divisée pour plus de commodités en deux compartiments dans la partie inférieure seulement. Les poissons, recouverts de glace, reposaient sur un lit formé de gros blocs de cette substance.

Lorsqu'il s'agit d'envoyer des poissons à des villes éloignées, on les place dans des barils ou des coffres en bois de sapin, de différentes dimensions, en employant les mêmes procédés de conservation : remplissant les vides laissés par l'arrimage, la glace a encore l'avantage de prévenir les ballottements nuisibles à la marchandise, et une fois pleins, les barils et les caisses sont expédiés le plus promptement possible au chemin de fer, à l'adresse des destinataires.

Une des plus utiles applications de la glace a été, sans contredit, son emploi à bord des bateaux de pêche. Cent fois, durant mes excursions sur le littoral des États-Unis, j'ai été à même de reconnaître les avantages qu'en retirent les pêcheurs; aussi je n'hésite pas à déclarer que, de toutes les innovations à introduire dans la pêche française, celle-ci sera une des plus fécondes en bons résultats. Du reste, l'idée d'employer la glace à bord comme moyen de conservation, n'appartient pas exclusivement au Nouveau-Monde. Les pêcheurs Sardes, Toscans et Napolitains la mettent en pratique depuis de longues années; toutefois, l'emménagement de leurs bateaux ne présente rien qui se rapproche des installations si bien conçues des navires américains (1).

(1) En Chine, où la glace est utilisée depuis des siècles, les pêcheurs chargent dans leurs bateaux de grandes quantités de poissons entremêlés de glace ou de neige et recouverts d'une couche de paille, pour éviter l'action de l'air extérieur. Chez ce peuple intelligent, tout ce qui tient à l'industrie de la pêche a reçu des développements extraordinaires, où les peuples européens pourraient puiser d'utiles enseignements.

Les bateaux pêcheurs faisant habituellement usage de procédés propres à conserver leurs produits, peuvent se diviser en quatre catégories :

1° Ceux qui se servent uniquement d'un vivier ;

2° Ceux qui sont pourvus d'une glacière ;

3° Ceux qui ont à la fois une glacière et un vivier.

4° Enfin ceux qui, à l'occasion de certaines pêches, celle du maquereau par exemple, installent à bord une glacière provisoire.

Bateau-Vivier.

Les bateaux de la première catégorie sont trop connus pour qu'il soit nécessaire d'en donner la description complète ; cependant, comme il peut se faire que dans la construction du vivier ils présentent quelques différences avec ceux qui sont employés en Hollande et en Angleterre, je crois utile d'en parler sommairement (1).

Dans les bateaux américains, le vivier est construit de manière à ce que la cloison supérieure soit constamment au-dessous de la ligne de flottaison. Un puits évasé par le bas et de dimensions restreintes (1 m. 20 sur 0 m. 80 à l'ouverture), va du pont à cette cloison, et c'est dans son intérieur que s'établit le niveau avec la mer. Il résulte de cette disposition

____

(1) Voir la note E.

que, dans les mouvements de tangage et de roulis, la masse des eaux contenue dans le vivier ne subit aucun déplacement ; tous les mouvements se concentrant uniquement dans le puits. — Les poissons sont ainsi bien moins fatigués !

Bateaux ayant une Glacière.

Les bateaux de la deuxième catégorie ont une glacière construite dans la cale, entre les deux mâts s'ils sont mâtés en goëlette, et sur l'arrière du mât de misaine s'ils sont mâtés en cutters. La cloison intérieure est formée par une forte plate-forme reposant sur le lest, distante du pont de 5 à 7 pieds, suivant la grandeur du navire. Les cloisons avant et arrière partent de la plate-forme, se raccordent avec le pont, sont épaisses de 3 à 4 pouces, soigneusement calfatées, et pour plus de précaution on cloue sur les coutures de légères lattes de bois de sapin. La glacière occupe toute la largeur du bâtiment, et, suivant le tonnage, mesure de 4 à 6 mètres de longueur ; elle est divisée à l'intérieur en plusieurs compartiments indépendants les uns des autres, ayant chacun une porte donnant dans une coursive de 0,80 centimètres de largeur, qui règne dans le milieu du navire d'un bout à l'autre de la glacière. Le panneau par lequel on entre est à double fermeture, afin d'empêcher, autant que possible, l'action des agents extérieurs.

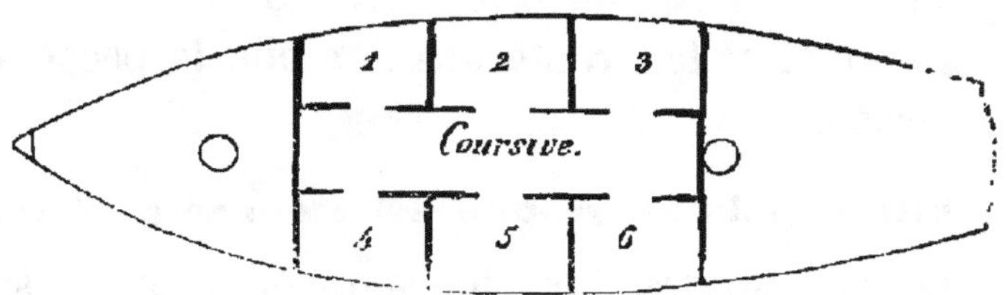

Fig. 1. Glacière à six compartiments.

La figure n° 1, donnera une idée exacte de ces installations qu'il suffit de voir une seule fois pour en comprendre immédiatement l'effet. Les bateaux sur lesquels j'ai pris ces renseignements jaugent de 40 à 50 tonneaux et font, sur le littoral des États du Nord, la pêche de la morue, du flétan, ainsi que de plusieurs autres espèces de poissons. Dans leurs croisières, qui durent seulement une quinzaine de jours, ils emploient de 10 à 15 tonnes de glace embarquée à bord en blocs aussi volumineux que possible, l'expérience ayant démontré que cette substance se conserve ainsi plus longtemps. Les blocs sont emmagasinés dans les diverses parties de la glacière.

Au fur et à mesure que les pêcheurs prennent des poissons, ils les arriment dans les compartiments en les disposant par couches séparées entre elles par de la glace concassée, de manière à remplir les vides. — Dès qu'un compartiment est plein, la porte est remise en place et solidement assujettie, pour ne plus être ouverte qu'à l'arrivée au port, vers lequel on fait route aussitôt que la pêche est suffisante.

Bateaux mixtes ayant un vivier et une glacière.

Ces bateaux, les plus intelligemment disposés, servent pour la grande pêche de la morue et du flétan, destinés à être vendus frais sur les marchés. Ce sont ordinairement des schooners de 80 à 100 tonneaux de jauge et au-delà, poussant leurs croisières jusqu'au banc de l'île de Sable, à mesure que le poisson s'écarte du rivage. La morue est conservée dans le vivier, tandis que le flétan, surtout quand il est de grande taille, est mis dans la glace, dont on embarque de 20 à 26 tonneaux à chaque expédition.

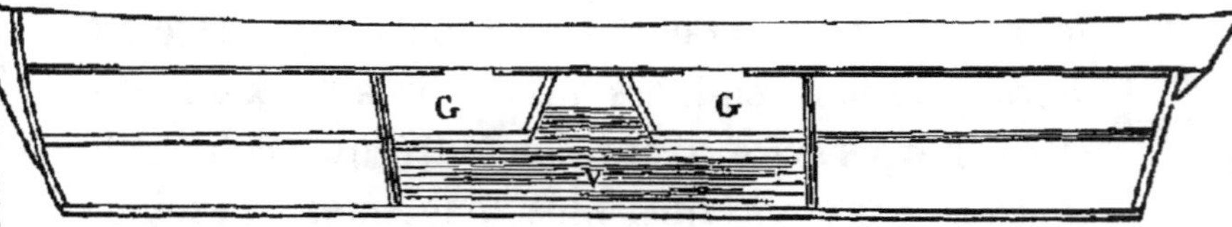

Fig. 2. Bateau vivier et glacière. GG glacières, V vivier.

La figure 2 montre les dispositions intérieures de ce genre de bâtiment. Le vivier construit dans le centre de la cale contient un mètre d'eau seulement, c'est-à-dire que sa cloison supérieure est à cette distance de la carlingue. Dans la partie vide de la cale comprise entre le pont et le vivier, on a établi une glacière disposée comme dans les bateaux dont je viens de parler, avec cette différence qu'elle communique avec le pont par deux panneaux situés, l'un à l'avant, l'autre à l'arrière du puits. Cette glacière, dont la hauteur est de 5 à 6 pieds, est tantôt de même longueur que le vivier et tantôt plus longue, selon les idées de l'armateur. Elle est également divisée en compartiments indépendants les uns des autres, et le calfatage de la cloison supérieure du vivier et des parois du puits, doit être fait avec le plus grand soin, afin de prévenir les infiltrations.

Bateaux n'employant la Glace qu'exceptionnellement.

Le 3 juin 1852 j'ai visité, sur la rade de New-York, un schooner de 70 tonneaux de jauge, faisant dans la saison la pêche du maquereau, soit pour le saler, soit pour le vendre frais au marché ; il se livrait alors à cette dernière opération, et était emménagé d'une façon particulière qui mérite d'être rapportée.

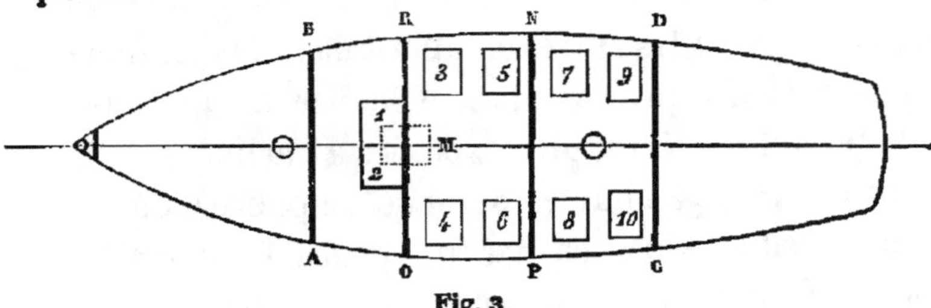

Fig. 3.

Le croquis n° 3 représente une coupe horizontale de schooner au-dessous du pont, les lignes ponctuées indiquant la position des écoutilles. A B C D est la cale, les parties en dehors, à l'avant et à l'arrière, servent à loger le capitaine et l'équipage.— Les cloisons A B, O R, P N et C D, la divisent en quatre compartiments, toutefois, les trois dernières vont seules depuis la plate-forme établie sur lest, jusqu'à toucher le pont, la cloison A B n'étant pas assez élevée pour empêcher de communiquer avec le logement des matelots. Les deux compartiments O R P N et P N C D, complètement isolés l'un de l'autre, communiquent avec le pont par l'écoutille percée sur l'arrière du grand mât, et par la moitié de celle de l'avant (M), la cloison O R montant jusqu'au niveau de la partie supérieure de l'iloire. Ainsi que dans les bâtiments dont j'ai parlé précédemment, ces écoutilles sont à double fermeture.

Dix caisses numérotées de 1 à 10 sur le dessin, sont placées dans la cale, deux sur l'avant de la cloison O R, et les autres en abord dans les compartiments isolés qui remplissent l'office de glacière. Les premières, étant plus exposées à l'action de l'air extérieur, sont à doubles parois d'un pouce d'épaisseur chacune, séparées par un pouce d'intervalle. Ces différentes installations n'ont d'ailleurs rien de permanent et, lorsque le bateau fait la pêche pour saler le maquereau, les cloisons sont démontées et les caisses mises à terre, afin que l'on puisse loger les barils et la provision de sel.

A mesure que l'on prend des poissons, on les arrime dans une caisse avec de la glace, et dès que les couches atteignent un pied d'épaisseur, on place par dessus un châssis de bois reposant sur des taquets, afin que les poissons ne soient point écrasés par le poids des couches supérieures. — On continue l'arrimage jusqu'à ce que la caisse soit pleine, en interposant de nouveaux châssis entre chaque couche d'un pied d'épaisseur, après quoi on met le couvercle, sur lequel, par surcroît de précaution, on place un morceau de toile humide. Quand toutes les caisses sont remplies, on emmagasine le restant de la pêche dans l'espace vide qu'elles laissent entre elles. — Suivant leur grandeur elles peuvent contenir de 500 à 800 maquereaux. La quantité de glace embarquée à chaque voyage, est de 8 à 10 tonnes.

———

Tels sont les procédés intelligents au moyen desquels les pêcheurs américains font arriver sur les marchés, leurs produits en parfait état de conservation, quoique les ayant quelquefois à bord depuis plus de dix jours. N'étant pas obligés de s'en défaire immédiatement en arrivant au port, ils en retirent un plus grand bénéfice, sont libres de les vendre au moment opportun, et, par suite, ne subissent point la loi des marchands.

Le capitaine du dernier navire dont j'ai fait la description, envoyait tous les jours au marché une certaine quantité de maquereaux qui était vendue à son compte moyennant 5 0/0 sur le produit de la vente.

Dans les bateaux faisant emploi de la glace, les panneaux ne sont ouverts que pendant le temps strictement nécessaire pour prendre les poissons dont on a besoin, et les pêcheurs ont les mains garanties par des gants en fort tissu de laine, afin de ne pas être incommodés par le froid et ne point altérer la fraîcheur de la marchandise.

Du reste, il faut bien le dire, pour conserver des poissons à bord et les transporter à de grandes distances, il n'est nullement indispensable que les bâtiments soient emménagés d'une façon spéciale. Beaucoup de petits bateaux emploient la glace sans être pourvus de glacières, et j'ai même eu l'occasion de voir à New-York un brick de 200 tonneaux, arrivant de Rhode-Island avec un chargement de 50 à 60 tonnes de poisson frais, arrimé tout simplement dans la cale. De gros blocs de glace formaient le fond sur lequel reposaient les poissons entassés pêle-mêle avec les morceaux de cette substance, dont on avait embarqué près de 100 tonnes à bord. Le jour où j'ai visité le bâtiment, on débarquait la cargaison à la pelle pour l'envoyer dans des tombereaux au marché le plus voisin, et d'après ce que m'a dit le capitaine, elle était en majeure partie destinée à la ville de Philadelphie.

Evidemment j'ai eu là sous les yeux un des secrets de la vie à bon marché, car ce n'est qu'en faisant venir ainsi des masses de denrées des lieux de production, qu'il est possible de les livrer aux populations à des prix modérés.

L'Amérique du Nord, pays productif par excellence, a poussé plus loin qu'aucun autre l'art de conserver les denrées alimentaires ; aussi, bien que ce qui tient au luxe y soit fort cher, par contre, la nourriture animale s'y est-elle maintenue à un taux raisonnable.

Les procédés de conservation produisent de si grands résultats, pour l'approvisionnement des villes, qu'on ne saurait trop s'appesantir sur cette question, ne serait-ce que pour inciter nos nationaux à entrer dans une voie semblable. Mais il faudrait auparavant que l'industrie de la glace sortît de l'ornière où elle est restée jusqu'ici en France. Tant que cette denrée ne pourra être livrée au pêcheur à un prix minime, son emploi restera forcément limité.

Je ne sais jusqu'à quel point il est possible d'établir en France un commerce de glace analogue à celui des États-Unis, mais dans tous les cas, ne pourrait-on pas y suppléer par l'industrie étrangère? La Norwége, on le sait, marchant sur les traces de l'Amérique, expédie depuis quelques années des cargaisons de glace, à diverses contrées de l'Europe, notamment en Angleterre (1). Un des plus riches négociants, M. Parr, que l'on nomme dans le pays le roi de la glace, possède aux environs de Christiania, un vaste établissement, d'où il en a expédié cette année-ci 30,000 tonnes à la Grande-Bretagne.

En supposant donc que nos industriels ne puissent point se livrer sur une grande échelle à cette branche de commerce, nous pourrions certainement être approvisionnés à bon marché par les bâtiments Nor-

---

(1) La ville du Havre possède deux glacières approvisionnées annuellement par des bâtiments norwégiens. Le propriétaire, M. Saillard, fournit la glace aux pâtissiers de la ville, aux cafés ainsi qu'aux bâtiments transatlantiques qui fréquentent le port. Le prix en gros est de 70 francs le tonneau, mais si la consommation s'étendait davantage, nul doute que ce prix ne pût être considérablement abaissé. Malgré les plus louables efforts, M. Saillard n'a pu parvenir encore à faire comprendre à la population le parti qu'elle pourrait tirer de l'emploi de cette substance.

wégiens, si la consommation de la glace s'étendait davantage. Ne sommes-nous pas en définitive vis-à-vis de la Norwége dans une position bien meilleure que la Nouvelle-Orléans ne l'est vis-à-vis de Boston? Le jour où l'usage habituel de la glace sera adopté, la pêche côtière aura fait un grand pas !

CHAPITRE III

RÉSERVES FLOTTANTES A POISSONS

ET A CRUSTACÉS.

Une autre innovation qui contribue également à l'alimentation publique, est la création dans les ports de réserves flottantes pour conserver les poissons vivants apportés par les pêcheurs, — les réserves sont en quelque sorte le complément des bateaux-viviers.

La partie de Fulton-Market à New-York, où s'effectue la vente du poisson, est située sur le bord de la rivière de l'Est et se trouve séparée du marché principal par la rue longeant les maisons des quais. — Cet établissement, plus que modeste, je dirai même fort mal tenu, fait néanmoins de grandes affaires. Bâti en partie sur pilotis, il est entouré, du côté de la mer, à hauteur des quais, d'une plate-forme faisant saillie de deux mètres, sur laquelle débou-

chent les corridors des diverses boutiques de marchands. — Cette disposition a pour but de faciliter
les communications des employés avec les réserves.

Devant la plate-forme, sur une étendue de plusieurs centaines de mètres carrés, la mer est couverte de coffres flottants, au nombre de plus de cent,
amarrés les uns à côté des autres, de façon à former
un plancher solide sur lequel on peut circuler. Ils
sont ordinairement carrés, mesurent de 3 à 4 mètres
de côté sur 1 mètre de profondeur, et sont munis
d'ouvertures suffisamment larges pour que l'eau
puisse y circuler facilement. On y dépose, pour le
compte des marchands, les crustacés, les tortues de
mer et les poissons apportés journellement par les
bateaux-viviers.

Sur la partie supérieure des coffres, une trappe,
fermant à cadenas afin d'empêcher les larcins, sert à
introduire la marchandise ou à la retirer avec un filet
à main, pour la transporter sur les tables de vente.

Au mois d'avril 1862, j'ai vu dans ces réserves
une quantité de morues que je ne saurais estimer à
moins de 30 ou 40,000 mille. — On les prenait à
chaque instant pour les porter sur les tables du
marché ou pour les expédier toutes vivantes avec de
la glace aux différentes villes de la contrée. — 5 à
600 de ces poissons, tenaient à l'aise dans les coffres,
et les pêcheurs m'ont assuré qu'en leur donnant de

temps en temps de la chair de clams, on pouvait les y conserver pendant plusieurs semaines (1).

Il y aurait, je crois, le plus grand intérêt à adopter en France l'usage de ces réserves qui, concurremment avec les bateaux-viviers et l'emploi de la glace, rendraient d'immenses services à nos pêcheurs, en les affranchissant d'une foule de tribulations auxquelles ils sont exposés aujourd'hui. Je n'ai jamais assisté, au Havre, à la vente de poisson à la criée, sans être navré du peu de bénéfices que font ces braves gens, obligés, la plupart du temps, de donner à un prix modique des denrées qui, un instant après, portées à la halle, doublaient et triplaient de valeur entre les mains des revendeuses.

Une des plaies de notre pêche côtière, c'est d'être dévorée par les parasites, et cela parce que les marins ne connaissant ou n'employant en général aucun moyen de conservation pour leurs produits, sont obigés de s'en défaire quand même, dès qu'ils ren-

---

(1) On vend à Londres beaucoup de morues vivantes apportées dans des bateaux viviers qui remontent la Tamise jusqu'au point où la salure des eaux permet encore de conserver ces poissons. Ce sont de véritables étangs voyageurs. Sur la côte occidentale d'Ecosse, quelques personnes élèvent et engraissent des morues dans des bassins d'eau salée, en les nourrissant avec de la chair de moule. Ne pourrait-on pas tenter un essai de ce genre sur nos côtes de la Manche, où l'on pêche, dans la saison, une assez grande quantité de ces poissons ?

trent au port. — Que de pertes ne subissent-ils pas chaque année, pendant les grandes chaleurs, au grand détriment de la nourriture publique ! En fin de compte, la plupart d'entre eux sont misérables, tandis que les pêcheurs américains sont comparativement dans l'aisance.

Les bateaux-viviers que la Marine Impériale vient d'accorder aux pêcheurs de La Rochelle, sur la demande de M. Coste, entraîneront, sans doute, la création de réserves à poissons, soit qu'on les construise en maçonnerie, ou qu'on se contente de celles dont il vient d'être question.

Dans les localités situées en pleine côte, où les eaux sont pures et conservent une certaine hauteur à basse mer, le procédé américain sera plus que suffisant et les ports du Nord, depuis le Havre jusqu'à Dunkerque, s'en serviraient avec avantage. Du reste, les différentes espèces de poissons de mer ne supportant pas également le régime des réserves, l'expépérience seule apprendra quelles sont celles sur lesquelles il conviendra d'opérer.

Dans tous les cas, la limpidité des eaux est toujours une garantie de succès, et en ce qui concerne les crustacés, il est en outre indispensable qu'elles soient suffisamment salées. A New-York, les marchands perdent parfois de grandes quantités de homards, lorsque l'Hudson verse dans la baie une masse d'eau douce plus considérable qu'à l'ordinaire.

<h2 style="text-align:center">Réserves à Homards.</h2>

Les caisses flottantes, pour conserver les homards vivants, sont employées à Boston sur une plus grande échelle que partout ailleurs et donnent lieu à un commerce lucratif, combiné avec la préparation des crustacés bouillis. Du reste, ces réserves ne sont pas d'invention américaine et sont connues depuis longtemps en Europe, notamment en Angleterre. — En France, quelques-uns de nos marins de la côte de Bretagne en font usage habituellement, et les Napolitains qui exploitent dans la Méditerranée les pêcheries du détroit de Bonifacio, se servent, dans le même but, d'immenses paniers construits en roseaux, dans lesquels ils déposent les langoustes, en attendant le moment de les transporter à Naples. — Néanmoins, c'est encore à Boston que ce procédé de conservation est appliqué de la manière la plus intelligente et la plus profitable.

Les homards américains, quant à l'aspect général, ont beaucoup de ressemblance avec ceux que nous possédons dans les mers de l'Europe; ils en diffèrent, toutefois, par des caractères anatomiques assez tranchés, pour qu'on ne puisse point les confondre ensemble, et parviennent à des dimensions plus considérables. Il est assez commun d'en pêcher du poids de 12 à 15 livres, et l'on cite même des exemples d'animaux qui en pesaient près de trente (1).

Ils sont répandus sur tout le littoral des États-Unis, depuis le golfe du Mexique jusqu'aux parties les plus septentrionales, mais à mesure qu'on s'avance vers le Nord ils deviennent plus abondants. On en prend des quantités énormes autour des îles Rocheuses du Sound de Long-Island, dans les parages du Nantuket, du Cap Cod, du Maine, de la Nouvelle-Écosse, et les rivages de Terre-Neuve en nourrissent également de grandes colonies.

La pêche des homards, dans la baie du Massachusetts, commence au printemps et se termine en automne, époque à laquelle ils quittent la côte pour regagner les eaux profondes, où ils passent la saison rigoureuse. Elle se fait, comme en France, au moyen de nasses amorcées de débris de poisson, notamment de têtes de morues et de flétan (2). Les crustacés apportés à Boston dans les bateaux-viviers sont,

---

(1) En 1840, le docteur Gould évaluait à 200,000 le nombre de homards pris dans les eaux du Massachusetts.

(2) Ordinairement les pêcheurs de homards sont associés avec les armateurs qui leur fournissent les engins de pêche, et leur paient une certaine somme pour chaque crustacé. Un homme peut prendre pour envion 40 nasses.

dès en arrivant, livrés aux propriétaires des réserves, et déposés dans des caisses flottantes jusqu'au moment de les mettre en consommation. — La plupart des établissements où l'on s'occupe de cette industrie se trouvent sur les chaussées de Cambridge et de Charlestown qui traversent un bras de mer, dont les eaux, renouvelées à chaque marée, sont suffisamment limpides et salées pour que les crustacés puissent y vivre quelque temps, malgré la gêne qu'ils éprouvent dans les caisses. Ces dernières sont amarrées autour des établissements, dont une partie est bâtie sur pilotis, tandis que l'autre forme façade sur la chaussée elle-même. — Elles peuvent contenir un millier de homards environ, mais autant que possible, on évite de trop entasser ces animaux afin de pouvoir les conserver plus longtemps. En temps ordinaire, ils n'y séjournent, d'ailleurs, que quelques semaines, par suite de la grande consommation qu'on en fait journellement, et du renouvellement continuel des approvisionnements.

Il est d'usage, à Boston, de vendre les homards bouillis, et ce sont les propriétaires des réserves qui s'occupent eux-mêmes de cette préparation. A cet effet, dans un coin de leur magasin, se trouvent une ou plusieurs chaudières demi-sphériques en fonte de fer, d'un mètre à un mètre vingt centimètres de diamètre et de capacité à pouvoir cuire à la fois 60 à 80 crusta-

cés, suivant la taille ; elles sont montées sur des four-
naux en tôle ou en maçonnerie et chauffées au
moyen de charbon de terre. — Le travail de la cuisson, effectué en général dans la matinée, se calcule
sur les besoins de la consommation, et aussitôt qu'il
est terminé, la marchandise est expédiée aux différents marchands de la ville, ainsi qu'aux clients des
localités de l'intérieur. L'habitude d'acheter les homards bouillis est si générale maintenant à Boston,
qu'il est fort rare d'en voir de vivants sur le marché. Les habitants trouvent à agir ainsi, non-seulement une économie de temps pour leur cuisine,
mais encore l'avantage de manger des crustacés parfaitement cuits à l'eau de mer, ce qui ne serait pas
toujours possible dans les ménages. Les marchands
ont d'ailleurs l'attention de ne jamais préparer des
animaux morts ou dans un état maladif, et, disons-
le, la facilité avec laquelle ils peuvent s'approvisionner de cette denrée, ainsi que le bas prix auquel la
vendent les pêcheurs, rendent inutile de recourir à
une fraude coupable, qui n'aurait d'autre effet que
de discréditer bientôt leur commerce. Pour ma
part, je n'ai jamais entendu personne se plaindre de
leur mauvaise foi.

Les homards bouillis se vendent depuis cinq jusqu'à huit cents la livre, suivant que la pêche a été plus
ou moins abondante. Au mois de juillet 1862, me

trouvant dans le Connecticut, j'ai vu annoncer, chez
un marchand de seconde main, la vente d'un chargement de homards à raison seulement de deux dollars et demi le cent. C'était à ne pas y croire !

Dans les boutiques des marchés, dans les restaurants ou autres établissements de débit, on conserve,
pendant l'été, les crustacés bouillis en les plaçant
sur des blocs de glace, et, à l'aide encore de cette
substance, on les expédie aux villes les plus éloignées du continent.

L'extrême abondance de ces animaux sur le littoral des États-Unis a suggéré l'idée, afin d'arriver à
en tirer tout le parti possible, d'en faire des conserves et des marinades (*pickles'*). MM. Underwood
et Ce, de Boston, ont une usine dans l'île Pénobscot,
sur les côtes du Maine, où ils font confectionner la
première de ces préparations, sur une grande
échelle. — Après que les homards ont été cuits dans
de vastes chaudières, on les dépouille de leurs cara-
paces, et on met la chair dans des boîtes de ferblanc, que l'on ferme au bain-marie. Ces boîtes, pesant une livre, se vendent en gros au prix modique
de 1 dollar 75 cents la douzaine. — Quant aux
marinades, dont on s'occupe aussi dans cette usine,
elles se vendent à raison de 2 dollars et demi la douzaine de flacons de la contenance d'un demi-litre.
— Elles sont loin de valoir les conserves, le vinaigre

faisant disparaître presqu'entièrement le goût délicat des crustacés (1).

On prépare, pour l'Angleterre, de petites conserves où l'on ne met que les œufs et les parties cré-
meuses servant à confectionner des sauces.

Cette industrie pourrait sans doute être pratiquée
avec succès sur les côtes de Bretagne et de la Corse,
où vivent de nombreuses tribus de homards et de
langoustes. — Si l'on adoptait, dans ces localités,
l'usage des bateaux-viviers et la méthode de préparer les crustacés sur les lieux de pêche pour les envoyer, de là, sur les marchés des grandes villes de
la France, il est probable qu'il y aurait à la fois de
grands avantages pour les consommateurs et pour
les commerçants : chacun y trouverait son compte.
Les pêcheurs eux-mêmes pourraient s'organiser en
vue de cette exploitation et ne seraient plus exposés
à vendre leurs produits à vil prix ou à les perdre
pendant les grandes chaleurs de l'été. Ils s'affran-
chiraient ainsi de tous les intermédiaires. Et, en
outre, il est évident que des homards convenablement cuits à l'eau de mer, par des pêcheurs honnê-
tes et intelligents, seront toujours préférés aux mêmes produits préparés dans les ménages.

---

(1) Les conserves de homards de messieurs Underwood, se trouvent maintenant chez tous les marchands de comestibles du Havre.

La fabrication des conserves pourrait aussi être introduite à Saint-Pierre et Miquelon, où l'on ne tire aucun parti des masses de crustacés qui viennent visiter ces îles durant la belle saison.

Il faut du reste le reconnaître, depuis quelques années, le commerce des crustacés, au moyen des bateaux-viviers, ainsi que leur conservation dans des réservoirs, ont fait de grands progrès en Europe, notamment en France et en Angleterre. On estime qu'il se vend annuellement sur le marché de Londres environ 2,500,000 grands crustacés, et ce chiffre, pour toute la Grande-Bretagne, n'est pas au-dessous de cinq millions.

Il en vient une immense quantité des côtes de la Norwége, de l'Irlande et de la Corse, d'où on les transporte au moyen de bateaux-viviers, pour les livrer aux personnes qui s'occupent de les conserver, et celles-ci les déposent dans des réservoirs alimentés par l'eau de mer où on peut les garder une quarantaine de jours vivants, après avoir eu la précaution de leur cheviller les grosses pinces, pour qu'ils ne se tuent pas les uns les autres. Il existe aux environs de Southampton, à Hamble, un de ces réservoirs, pouvant facilement contenir 50,000 homards, et le propriétaire possède trois grands bâtiments-viviers avec lesquels il peut en transporter jusqu'à 10,000 dans un seul voyage.

En France, tout le monde connaît les remarquables résultats d'élevage des crustacés, obtenus par le pilote Guillou, dans les réservoirs de Concarneau, où il a constamment des approvisionnements considérables.

Enfin, dans le marais de Kermoor (côte de Breta_gne) converti par M. de Cressoles, en de vastes réservoirs pour la pisciculture maritime, on a déposé, en 1862, plus de 60,000 langoustes qui y viennent à merveille, grâce aux conditions favorables dans lesquelles elles sont placées.

CHAPITRE IV

PÊCHE DU MAQUEREAU A LA LIGNE

SUR LE LITTORAL DE LA NOUVELLE-ANGLETERRE.

Parmi les choses nouvelles que j'ai eu l'occasion d'étudier sur le littoral de la Nouvelle-Angleterre, il en est peu qui m'aient plus vivement intéressé, que la manière dont les pêcheurs prennent le maquereau à la ligne. Leurs procédés, entièrement différents des nôtres, constituent un progrès réel, dont on se rendra facilement compte, lorsqu'on saura que la pêche à ligne (chez nous l'exception) fournit en Amérique le principal moyen de s'approvisionner de ce poisson, et bien que les filets flottants et les seines y soient également employés, ils sont loin néanmoins de fournir autant de produits à la consommation (1). Je ne sais jusqu'à quel point

(1) Dans quelques baies de l'Amérique du Nord on prend les maquereaux avec d'immenses seines. Cette pêche se pratique principalement sur les rivages de la Nouvelle-Écosse, et dans une baie du cap Canso, il est arrivé de prendre 1800 barils de poissons d'un seul coup de filet.

les méthodes dont je vais donner la description sont susceptibles d'être appliquées en France, mais elles m'ont paru si intelligentes et si profitables, que j'ai cru devoir les consigner dans cet ouvrage, ne serait-ce qu'à titre de renseignement, sur ce qui se pratique aux États-Unis.

Sur nos côtes de l'Océan et de la Manche, de même, à ce qu'il paraît, sur une partie du littoral de la Nouvelle-Écosse, où vivent de nombreuses familles de marins d'origine française, on pêche le maquereau à la ligne traînante, les bateaux étant à la voile et sillant de l'avant avec plus ou moins de vitesse, suivant la force de la brise. Dans l'Amérique du Nord, cette pêche se fait sous petite voilure, de manière à faire très-peu de route, et de plus, au lieu d'employer des lignes traînantes garnies de plombs suffisamment lourds pour que les hameçons soient constamment immergés, les marins pêchent le long du bord avec des lignes très-fines, dont l'hameçon est installé d'une façon particulière qui sera indiquée plus loin. Toutefois, malgré ces différences notables avec notre manière de faire, ce n'est point en cela que consiste principalement le secret de la pêche américaine : il est tout entier dans l'emploi d'une espèce de rogue dont on se sert pour attirer le poisson, le retenir auprès des navires, l'appâter, en un mot, et finalement le faire mordre plus facilement à l'hameçon (1). Cette rogue, que je comparerai à celle qu'on emploie en Europe pour faire lever la sardine, donne des résultats si avantageux, que tous les pêcheurs américains en ont adopté l'usage, laissant de côté l'ancienne méthode de la pêche à la balle, considérée par eux comme beaucoup moins productive. Dans la mer Méditerranée, nos marins ont bien, il est vrai, une manière de prendre le maquereau, ayant une certaine analogie avec celle des États-Unis; mais, outre qu'elle est moins perfectionnée dans les détails, elle ne saurait aucunement lui être comparée comme résultat. Dans la pêche américaine, tout est calculé pour le but qu'on se propose, depuis la construction des navires, leur marche rapide, leur supériorité d'armement, jusqu'à la manière dont les lignes et les hameçons sont installés et le soin avec lequel on confectionne l'appât, dans la composition duquel on ne fait entrer que les éléments reconnus par expérience, comme les plus favorables pour attirer le poisson.

En parlant du commerce des huîtres à Boston,

---

(1) Cette nouvelle manière de prendre le maquereau, n'est pratiquée, dit-on, par les pêcheurs américains, que depuis une quarantaine d'années environ. Dans l'origine on employait pour confectionner l'appât (bait), de vieilles salaisons de harengs et de maquereaux.

j'ai dit que le Massachusetts était l'État de l'Union
où l'industrie de la pêche maritime avait atteint le
plus grand développement. Sans m'appesantir de
nouveau sur cette question, j'ajouterai qu'en ce qui
concerne la pêche du maquereau, cette prééminence
est encore plus importante, la majeure partie des
armements se faisant dans les ports qui avoisinent
le cap Ann et le cap Cod, et notamment à Gloucester. En 1854, le nombre total des navires engagés
dans cette industrie, était d'environ 1800, sur lesquels un quart au moins était armé dans la circonscription de Gloucester (1). Du reste, si je mentionne ainsi cette localité de préférence à toute
autre, c'est uniquement par la raison que la majeure partie des renseignements que j'ai recueillis
m'ont été fournis par M. Elwell, capitaine d'un
schooner de pêche appartenant au cap Ann. L'importance de Gloucester, qui tend d'ailleurs à s'ac -
croître tous les jours, tient à plusieurs causes. Par

---

(1) En 1858, la statistique de la pêche à Gloucester donnait les
chiffres suivants :

Nombre des schooners employés dans la pêche.	325
Tonnage général...	24,000 tonnes.
Barils de maquereaux pêchés...	608,000 —
Valeur des barils...	560,000 dollars.
Capitaux engagés dans des diverses pêches..	1,200,000 —
Marins employés...	3,200

En 1861, les pêcheurs de Gloucester prirent 100 barils de maquereaux et vendirent pour 120,000 dollars de flétan.

sa position au centre des parages les plus poissonneux de la Nouvelle-Angleterre, par son port vaste
et sûr, cette localité se trouve véritablement dans
des conditions exceptionnelles, et si l'on ajoute à
cela l'intelligence et la hardiesse proverbiale de ses
marins, le soin apporté à la construction et à l'armement des navires, la précaution qu'ont les armateurs, de n'embarquer à bord que des denrées de
premier choix pour l'équipage, etc., on ne sera point
étonné de l'entraînement de la population maritime
vers l'industrie de la pêche en général.

Les maquereaux se montrent sur les côtes d'A-
mérique au commencement du printemps (1). Leurs
premières légions apparaissent dans le Sud, par la
latitude de l'embouchure de la Chesapeake; mais ils
sont alors si maigres, qu'ils ne valent guère la peine
d'être pêchés, et ce n'est qu'à mesure qu'ils s'avan-
cent vers le Nord qu'ils acquièrent un embonpoint
convenable. Extrêmement capricieux dans leurs
migrations, on les voit, sans raisons apparentes,
disparaître pendant plusieurs années, de parages où
ils étaient jusque-là fort abondants, tandis qu'on
les retrouve sur d'autres points qu'ils n'avaient pas
l'habitude de fréquenter. Ces anomalies, difficiles à

---

(1) Les migrations des maquereaux se font en sens contraire de
celles des harengs qui s'effectuent du Nord en allant vers le Sud.

expliquer, tiennent sans doute à une question de nourriture, et peut-être aussi à la présence inaccoutumée d'un grand nombre d'espèces de poissons faisant une chasse active aux maquereaux.

Les parages les plus avantageux dans la baie de Massachusetts sont Jeffrey's-bank, Cash's-ledge, Jeffrey's-ledge et certains points du banc de Saint-Georges. Chacun de ces endroits est fréquenté, à l'époque de la pêche, par des centaines de bâtiments (1).

Pendant la mauvaise saison, les maquereaux disparaissent, pour prendre leurs quartiers d'hiver, dans des parties inconnues de la mer, et malgré que l'on ait essayé, à diverses reprises, de les suivre dans leurs voyages de retour, on a constamment perdu les traces des dernières bandes dans un rayon de cinquante milles au sud de l'île Nantucket. Diverses opinions ont été émises pour rendre compte de ce fait, mais aucune ne paraît satisfaisante. Certains pêcheurs prétendent que les poissons, après avoir quitté les côtes, descendent au fond de la mer,

_____

(1) Une partie de l'immense flottille de bateaux pêcheurs, armés par les différents ports de la Nouvelle-Angleterre, pousse ses croisières à la recherche des maquereaux, jusqu'à la baie de Chaleur et l'île du Prince-Edwards, dans les provinces anglaises, en traversant le détroit de Canso. L'autre partie, composée de navires de moindre tonnage, exploite plus particulièrement la baie du Massachusetts, depuis le cap Cod jusqu'à la baie de Fundy.

où ils restent dans un état de torpeur jusqu'au retour de la belle saison ; d'autres disent qu'ils émigrent vers les latitudes chaudes, où ils se tiennent à une grande distance de la surface de l'eau, afin d'avoir une température convenable à leur nature ; d'autres enfin, plus crédules, assurent, tant il est vrai que le merveilleux doit avoir sa part en toutes choses, que les maquereaux, après avoir abandonné les rivages de l'Atlantique, se transforment en bonites, dorades et autres poissons voyageurs qui sillonnent les mers tropicales. Ce qu'il y a de bien prouvé, c'est que ceux qui quittent les rivages américains au commencement de l'hiver, sont de taille modérée et très-gras, tandis que ceux qui retournent au printemps sont de grande taille, maigres et très-affamés.

La pêche du maquereau commence en juin, finit généralement vers la fin d'octobre, et durant cette période, les pêcheurs prennent le poisson tantôt pour l'apporter frais sur les marchés du littoral, tantôt pour le saler : quelques-uns d'entr'eux font, pendant toute la saison, la première de ces opérations ; mais plus habituellement dans les deux derniers mois on s'occupe de la seconde. Au commencement du printemps, lorsque les bandes de maquereaux font leur apparition dans le Sud, on voit des bâtiments aller à leur rencontre jusque

par la latitude du cap May, et quelquefois plus loin
encore; mais la pêche est alors peu fructueuse, les
poissons n'ayant aucune des qualités qui les font
rechercher deux mois plus tard. L'automne est la
saison où leur chair parvient à son maximum de
saveur et d'embonpoint, et le seul avantage de ces
expéditions prématurées est de s'assurer ainsi de
bons équipages pour le moment opportun, ce qui ne
serait pas toujours facile, lorsque la majeure partie
de la flottille entre en armement.

Les navires servant à la pêche jaugent depuis 40
jusqu'à 120 tonneaux, et sont, presque sans exception, mâtés en schooners. Armés de 8 à 12 hommes
d'équipage en y comprenant le cuisinier, solidement
construits afin de pouvoir résister à la grosse mer
qui règne sur les côtes de l'Atlantique, ils sont remarquables par leur bonne tenue, et nulle part, pas
même en Angleterre, je n'ai vu des bâtiments aussi
soignés; leurs excellentes qualités de marche constituent une des principales conditions du succès de
la pêche, car les parages fréquentés par les maquereaux comprennent une si vaste étendue de mer,
que les pêcheurs ont de longs trajets à faire dans
leurs croisières à la recherche des poissons. Aussi,
tout navire qui n'est point doué d'une marche
suffisante, risque-t-il de faire de mauvaises opérations.

Les schooners jaugeant de 90 à 100 tonneaux coûtent communément depuis 3,600 jusqu'à 5,000 dollars.

Pendant les premiers mois de l'année, les pêcheurs de Gloucester font la grande pêche de la morue et du flétan. Vers le mois de janvier, ils arment pour le banc de Terre-Neuve, le banc de l'île de Sable, et même pour les pêcheries plus rapprochées du banc de Saint-Georges, suivant que leur intention est de pêcher pour saler ou pour rapporter le poisson conservé dans la glace ou dans les viviers. En général, vers le mois de juin, ils sont de retour à Gloucester, afin de réparer les navires, prendre les rechanges et se préparer à la pêche du maquereau, considérée par les marins comme un temps de plaisir et de repos, comparativement aux fatigues de tout genre qu'ils ont eues à supporter sur les pêcheries des bancs.

L'appât pour attirer le maquereau se compose de poissons et de clams salés. Différents poissons servent à cet usage, parmi lesquels le plus communément employé est une espèce de clupée (*clupea tyrannus*) tellement abondante sur les côtes de la Nouvelle-Angleterre, principalement à l'embouchure du Connecticut-river, que les fermiers s'en servent pour engraisser les terres où l'on cultive le maïs et pour faire d'excellents composts.

On triture les clams et les poissons avant de s'en servir, et on les mélange dans la proportion de 1/4 des premiers sur 3/4 des seconds, mais cette préparation ne s'effectue qu'à bord.

Avant de saler les poissons, on leur coupe la tête et la queue, et après les avoir fendus en deux, on leur enlève l'épine dorsale. Quant aux clams, ils sont mis en saumure tels qu'ils sont au sortir de l'écaille. Ces deux espèces de salaisons sont préparées à part dans des barils séparés, par les pêcheurs eux-mêmes ou par des industriels qui s'occupent de ce commerce, et les prix ordinaires à Gloucester sont de 2 dollars le baril de poissons salés, et de 4 dollars le baril de clams. Ces chiffres, qui n'ont rien d'absolu, subissent de légères variations, suivant que la matière première est plus ou moins abondante (1).

En partant pour la pêche du maquereau destiné à la saumure, les schooners emportent de 20 à 25 barils d'appâts, sur lesquels 6 à 8 barils seulement de clams, quantités qui suffisent pour prendre

---

(1) Suivant les lois du Massachusets, les barils d'appâts de clams doivent contenir 230 livres américaines de mollusques salés, et les contrats de vente sont établis sur cette donnée ; en cas de contestation entre un acheteur et un marchand, ce dernier peut, s'il le juge convenable, provoquer une expertise, à condition d'en payer les frais, si la marchandise est reconnue conforme au règlement.

300 barils de poisson, chargement ordinaire des grands bateaux. Pour la pêche du maquereau frais, on en embarque une moindre provision, attendu que, revenant souvent au port, on peut la renouveler facilement, et, par suite, l'avoir en meilleur état.

La confection de la rogue se fait à bord des navires, au moyen de deux instruments qui permettent de réduire, en peu de temps, les poissons et les clams au degré de ténuité voulu pour la pêche. Le premier de ces instruments, que j'appellerai un hache-poissons, se compose d'un cylindre en bois d'un demi-pied de longueur sur six pouces de diamètre, armé à la surface de six rangées de dents, disposées en lignes hélyçoïdales. Ces dents, taillées en langue de carpe, ont 3/4 de pouce de longueur, 1/2 pouce de large, et sont munies d'une petite queue pour pouvoir les fixer dans le bois. Le cylindre, monté sur un axe, tourne au moyen d'une manivelle manœuvrée à la main dans une caisse rectangulaire, dont les faces, parallèles à l'axe, portent aussi une rangée de dents se croisant avec les premières dans le mouvement de rotation. Cet appareil est fixé à babord sur le pont, contre la muraille et par le travers du grand mât. Pour briser les poissons, on en place une certaine quantité dans la partie supérieure de la caisse, on tourne rapidement le cylindre, et on reçoit les débris par une ouverture ménagée dans le bas de la machine. Le second instrument, destiné à triturer les clams, est formé d'un anneau circulaire en acier ou en fer bien trempé, de 8 pouces de diamètre, 1 pouce 1/2 de hauteur et 2 lignes d'épaisseur, tranchant à la partie inférieure et emmanché sur une tige de fer de 1 mètre de longueur environ. Il se manœuvre à la main, en frappant verticalement dans une masse de clams contenue dans un seau ou une petite baille. Lorsqu'on pêche pour le maquereau frais, cet instrument sert encore à broyer la glace à bord des bâtiments pourvus de glacières. Confectionnée au fur et à mesure des besoins, la rogue est d'autant plus efficace qu'elle se trouve d'une nature plus grasse, ce qui dépend uniquement de la bonne qualité du poisson.

Lorsque les pêcheurs, rendus dans les parages convenables, se trouvent au milieu d'un banc de maquereaux, ils disposent les voiles de leurs navires de manière à faire le moins de route possible. Toutefois, comme ils naviguent assez souvent en grand nombre dans le même endroit, et qu'il pourrait arriver de nombreuses avaries si l'on pêchait indistinctement sous toutes les allures, ils ont adopté, d'un commun accord, l'usage de pêcher tribord amures au plus près, afin que toute la flottille dérive du même bord. Il en résulte que, sur le pont des bâtiments, tous les engins sont disposés à tribord, la pêche ne pouvant d'ailleurs se faire commodément qu'au vent (1).

Voici, du reste, comment sont disposées les goëlettes de Gloucester que j'ai visitées à New-York et à New-London. A partir du dernier hauban de misaine sur l'arrière, le plat-bord est divisé en autant de parties qu'il y a de marins à bord, chacun d'eux occupant un espace de trois pieds environ. A l'intérieur des pavois, vis-à-vis de chaque emplacement, sont accrochées 6 à 7 lignes par individu, ainsi qu'un couteau commun pour couper la boîte qu'on met sur les hameçons, et ouvrir les maquereaux lorsqu'on fait la salaison. En outre, devant chaque homme un morceau de bois blanc de 15 pouces de longueur, cloué sur le plat-bord, sert à faire ce travail sans abîmer le navire.

(1) Les capitaines des schooners sont munis d'excellentes longues-vues au moyen desquelles ils reconnaissent, à 2 ou 3 milles de distance, si un de leurs confrères a commencé la pêche. Ils se dirigent aussitôt vers lui, et il n'est point rare de voir en quelques heures affluer au même endroit une foule de navires disséminés auparavent sur tous les points de l'horizon. Il s'établit entre eux dans ces occasions des luttes de vitesse qui constituent l'un des spectacles les plus intéressants de l'industrie en question, et montrent d'ailleurs les grands avantages des bons voiliers. Rendus les premiers au milieu des bandes de poissons, ils ont déjà fait une capture importante quand leurs concurrents attardés parviennent à les rejoindre.

Les lignes faites avec du chanvre ou du coton, mais plus communément avec cette dernière matière, sont tantôt blanches, tantôt teintes en bleu, suivant les idées des pêcheurs. Parfaitement confectionnées, très-solides, malgré leur finesse, et d'une longueur de 6 à 7 brasses au maximum, elles ont environ un millimètre 1/2 de diamètre. Les hameçons ont la queue prise dans une petite masse de plomb mélangé d'étain, en forme de poire allongée, dont on aura une idée exacte par les figures 1, 2 et 3. Il en existe de plusieurs modèles différant entre eux par la grandeur des hameçons ou le poids de la masse de plomb, mais toujours construits dans les données que je viens d'indiquer, et les pêcheurs les installent eux-mêmes au moyen d'un moule qui permet de couler le plomb attaché à la queue d'une façon régulière. On se sert ensuite de limes, de râpes et de papier sablé, pour unir les petites masses de métal de manière à les rendre aussi brillantes que possible, l'expérience ayant démontré que les maquereaux sont ainsi bien mieux attirés. On remarquera d'ailleurs que la forme générale des hameçons, garnis de leur poids, se rapproche assez bien de celle d'un petit poisson, ce qui contribue encore à induire les maquereaux en erreur.

Le n° 3 est employé dans les temps calmes ou

lorsque la brise souffle faiblement, tandis que les deux autres modèles servent lorsque le navire fait plus de route ou dérive davantage.

Pendant la pêche, les marins, échelonnés depuis les haubans de misaine jusqu'à l'arrière, tiennent une ou plusieurs lignes à la main, selon que le poisson est plus ou moins vorace; mais, en général, ils n'en manœuvrent que deux à la fois.

Les hameçons sont amorcés, soit avec de la chair

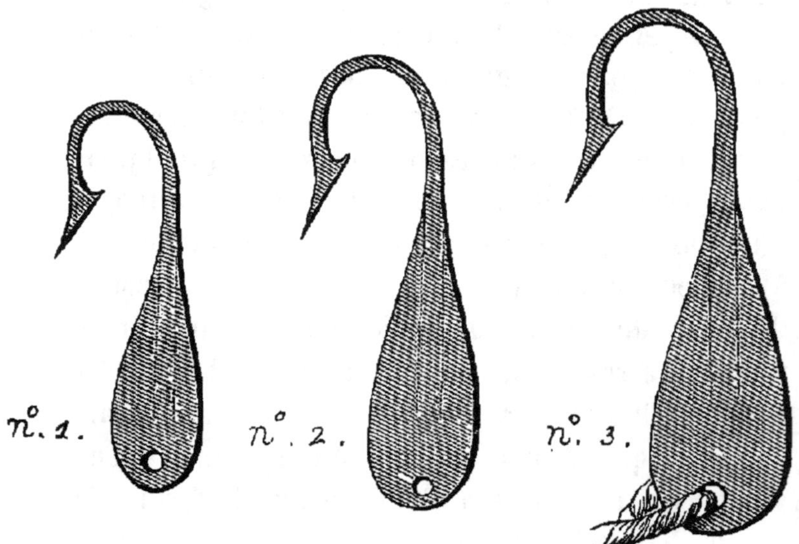

de maquereau, soit avec un morceau de couenne de porc salé, si l'on commence la pêche sans avoir du poisson à bord, et quelques pêcheurs se servent habituellement de cette dernière boîte, qui, tenant très-bien à l'hameçon, n'a pas besoin d'être aussi souvent renouvelée. Lorsqu'on emploie du maquereau, on coupe, sur la partie blanche du ventre, des petites tranches, dont on forme des parcelles de 2 centimètres de longueur, qu'on enfile sur l'hameçon, au nombre de 3 ou 4 ; on racle ensuite avec la lame du couteau une partie de la chair, de façon à ce qu'il en reste très-peu attenante à la peau. D'autres fois on se contente d'enlever, sur le corps des poissons, de petites bandes de peau dont on garnit également les hameçons, et, dans tous les cas, si la boîte a été faite avec soin, elle peut servir pendant plusieurs heures sans qu'il soit nécessaire de la renouveler.

Durant leurs croisières, dans les parages fréquentés par les maquereaux, les pêcheurs jettent de temps en temps de la rogue à la mer pour en faire lever quelque bande, et, s'ils réussissent, ils diminuent immédiatement la vitesse du navire en disposant les voiles d'une façon convenable. Chacun se rend aussitôt à son poste, les lignes amorcées sont jetées à la mer, et le marin chargé d'attirer le poisson se place sur le beaupré, lançant de temps à autre de l'appât à l'eau au moyen d'une grande cuiller; mais, pour ne pas perdre inutilement une denrée coûteuse, il a soin de n'en dépenser que ce qui est nécessaire pour qu'on en aperçoive constamment des parcelles autour du navire. Dès qu'un maquereau est pris, le pêcheur le hâle vivement à la surface de l'eau, se penche en dehors du bord, saisit la ligne à deux pieds environ de l'hameçon, et, par un mouvement rapide du bras, lance le poisson dans un baril placé sur le pont à sa droite.

Si cette manœuvre est faite avec dextérité, l'hameçon, brisant la bouche du maquereau, se décroche par la secousse et est rejetté à la mer par le mouvement de retour du bras. Les pêcheurs américains acquièrent, dans cet exercice, un degré surprenant d'adresse, ce dont j'ai pu me convaincre à plusieurs reprises à bord de la goëlette du capitaine Elwell, où l'on a bien voulu me montrer tous les détails de cette intéressante industrie.

Pendant tout le temps que les maquereaux mordent, on a soin de les appâter, afin de les retenir autour du bâtiment. La quantité de rogue consommée pour en prendre un millier, par exemple, est très-variable, et dépend à la fois du temps de l'époque où se fait la pêche, et plus encore des dispositions momentanées des poissons. — Tous les jours ne sont pas également favorables, et le gros temps ainsi que les brouillards sont particulièrement des causes majeures d'insuccès, auxquelles il faut ajouter l'incertitude des migrations des ma-

quereaux. On passe quelquefois deux ou trois semaines sans faire la moindre capture, bien qu'il y
ait des poissons en vue, tandis que dans d'autres
circonstances c'est à peine si l'on a le temps de hâler
les lignes, tant ces animaux sont affamés (1).

En 1837, au large du cap Cod, un schooner prit
en deux heures 30 barils de maquereaux, et dans le
même temps, 200 smacks qui se trouvaient dans ces
parages, firent une pêche également abondante. Le
capitaine Elwell m'a personnellement assuré qu'il
lui était arrivé d'en prendre 80 barils dans une
journée, mais ce sont là des cas tout à fait excep-
tionnels, et le chiffre de 15 à 20 barils doit être con-
sidéré comme très-satisfaisant.

Une remarque faite depuis longtemps, qui explique pourquoi les pêcheurs américains ont l'habitude de se réunir en *flottilles nombreuses* pour aller à la recherche des maquereaux, c'est que lorsqu'un certain nombre de bâtiments se trouve dans
des parages poissonneux, chacun d'eux en particulier fait une meilleure pêche que s'il s'y était trouvé
seul. Ce fait s'explique par la grande quantité de
rogue que dépense une flottille, ce qui naturellement

---

(1) Pendant la pêche, il faut éviter autant que possible de faire
du bruit, le silence étant toujours une grande condition de succès :
un baril tombant sur le pont avec fracas suffit souvent pour faire
enfuir le poisson.

doit beaucoup mieux retenir les bandes de poissons que la faible quantité d'appât que jetterait un navire isolé.

Dans les moments où les poissons, tout en restant autour du navire, ne veulent cependant pas mordre à l'hameçon, on emploie, pour s'en emparer, divers instruments fort ingénieux, qui, je pense, n'existent qu'aux États-Unis.

L'un d'eux est formé d'un double hameçon à pointes opposées, dont les branches ont 1 pouce d'ouverture avec une queue de 6 pouces de longueur. Attaché à une petite ligne de quelques brasses de longueur, cet hameçon est lancé à la mer, au milieu des maquereaux, et c'est en le hâlant vivement à plusieurs reprises, qu'on finit par en accrocher quelques-uns.

L'autre instrument, dont l'emploi est regardé comme pernicieux par beaucoup de marins, consiste en une petite tige de fer, longue de 3 pieds, terminée par un double croc très-acéré, représentant assez bien un fer de gaffe ayant deux branches dans le même plan ; la tige est en outre emmanchée dans une légère perche de bois de sapin ayant 4 à 5 pieds de longueur. On se sert de cet instrument en le lançant au milieu des poissons et en le retirant vivement jusqu'à ce qu'on ait fait une capture, mais il n'y a que les hommes adroits qui puissent s'en ser-

vir avec avantage. La pêche au croc se fait concurremment avec celle à la ligne, et n'est confiée qu'aux
marins les plus habiles. Nommée par les Américains
Gaffing-Makerel, elle donne parfois d'assez bons
résultats, mais comme on lui reproche de contribuer
à effaroucher le poisson, beaucoup de capitaines en
condamnent l'usage. On se sert aussi, dans le même
but, de lignes garnies d'hameçons sans plombs et
sans boîtes, que l'on jette à la mer, où ils s'enfoncent
très-peu; les maquereaux, allant et venant autour
du navire, se prennent d'eux-mêmes, tantôt par une
partie du corps, tantôt par une autre.

Lorsqu'on doit saler la pêche, cette opération se
fait dans les moments où le poisson cesse de mordre,
afin de ne pas perdre le fruit d'une bonne occasion;
néanmoins on hâte ce travail autant que possible,
car la bonne qualité des produits en dépend. Les
pêcheurs se distribuent les rôles : les uns fendent le
poisson, d'autres l'habillent, c'est-à-dire enlèvent
les entrailles et les ouïes; d'autres, enfin, le passent
au sel ou le renferment dans les barils. Les Américains fendent les maquereaux par le dos, en faisant
glisser une lame de couteau très-mince, depuis la
tête jusqu'à la queue, à toucher l'épine dorsale, de
manière à diviser proprement les chairs, sans enta-
mer la peau du ventre qui doit rester intacte. Préparé de cette façon, le poisson prend mieux le sel,

peut être débarrassé facilement du sang et des impuretés intérieures qui en altéreraient la saveur, et les acheteurs peuvent d'ailleurs bien mieux juger de la qualité de la marchandise. Dès que les maquereaux ont été habillés, on les met à tremper pendant une heure dans l'eau de mer pour qu'ils jettent le sang, après quoi on les sale, et on les embarille immédiatement (1). Avec des équipages aussi nombreux que ceux des schooners, ces différentes opérations se font avec une grande rapidité, d'autant qu'il existe entre les marins une grande émulation, et c'est à qui aura le plus vite accompli sa tâche. Si le temps est chaud, on sale le plus vivement possible, afin que le poisson ne perde point de sa fraîcheur et de sa fermeté. Les pêcheurs américains, pour faire valoir leurs produits, pratiquent tous une petite fraude consistant à passer sur les parties charnues de l'intérieur des maquereaux une espèce de couteau de plomb qui, refoulant les chairs sans les diviser, leur donne une apparence plus belle et plus grasse. Il en résulte qu'on fait ainsi passer du poisson de deuxième qualité pour du poisson de première.

---

(1) L'approvisionnement du sel est calculé à raison d'un baril pour trois barils de maquereaux salés; si le poisson doit être conservé plus d'un mois à bord, on augmente un peu cette quantité.

12

A titre de curiosité, j'ai remis un modèle de ce couteau au ministère de la marine.

Les marins des schooners reçoivent comme salaire la moitié des poissons qu'ils prennent, déduction faite de la dépense de l'appât, des gages du cuisinier, ainsi que des frais d'inspection des barils en arrivant au port (1).

Les armateurs fournissent les provisions, le sel, les hameçons, les lignes, le plomb, l'étain, et se réservent le plus souvent le droit de vendre la pêche au plus fort enchérisseur avant le retour du bâtiment ; toutefois, les pêcheurs sont libres de disposer de leur part comme ils l'entendent ; mais la plupart préfèrent que l'armateur s'occupe de la vendre, et leur en remette le prix en argent.

Les maquereaux salés sont achetés par des négociants de New-York et de Boston, qui font souvent leurs offres aux armateurs plusieurs jours avant le retour des navires, s'engageant à prendre la totalité de la pêche à raison d'un certain prix pour chaque qualité de produits (2).

---

(1) Les 4/5 des équipages sont des Américains ou des marins de la Nouvelle-Ecosse ; le reste est composé d'Anglais, d'Irlandais, d'Ecossais et d'Allemands.

(2) Les poissons inspectés vont ensuite sur les marchés de Philadelphie, New-York, Baltimore, New-Orléans, etc., et les qualités inférieures sont plus particulièrement expédiées aux Antilles.

J'ai dit précédemment que les pêcheurs d'origine française, vivant sur le littoral de la Nouvelle-Écosse, pêchaient à la ligne traînante, et que les Américains les considéraient comme fort arriérés, et ne pouvant retirer de leur profession que des bénéfices comparativement restreints. N'ayant fait aucune expérience sur laquelle je puisse m'appuyer pour trancher cette question, je ne saurais exprimer une opinion bien arrêtée. Toutefois, en raison du développement de la pêche américaine, des richesses qu'elle procure aux pêcheurs, du soin apporté aux moindres détails de l'armement des navires, etc., il est probable que leur méthode de pêche à la ligne, supérieure à celle que nous pratiquons, remplacerait même avec avantage la pêche aux filets flottants.

Ce qu'il y a de certain, c'est que les pêcheurs de Gloucester, de Province-Town, Barnstable, Newburyport, etc., vivent convenablement de leur industrie, et que les propriétaires des navires font également d'excellentes affaires. Depuis une dizaine d'années, les armateurs de Gloucester se sont, pour la plupart, constitués en société de secours mutuels, et, par suite, affranchis du tribut onéreux qu'ils payaient aux compagnies d'assurances. Ils calculent qu'ils ont ainsi réalisé une économie de 50 pour 100 sur leurs anciens déboursés.

En résumé, les pêcheurs américains ne font que

mettre en pratique, pour prendre le maquereau à la ligne, ce qui se fait chez nous pour différentes espèces de poissons fluviatiles ou marins, demandant absolument à être appâtés. Leurs procédés reposent donc sur des bases rationnelles qui doivent les faire prendre en considération, et il est au moins utile de les faire connaître, puisqu'ils peuvent ouvrir une nouvelle voie à l'intelligence de nos marins.

A mon retour d'Amérique, j'ai remis au bureau des pêches une collection de lignes et d'hameçons achetée dans le Massachusetts, ainsi qu'un moule pour couler le plomb des hameçons, et différents autres objets se rapportant à cette industrie. Les éléments avec lesquels se fabrique la rogue ne sont pas tellement indispensables, d'ailleurs, qu'on ne puisse y suppléer chez nous avec diverses espèces de poissons et de mollusques indigènes. La rogue de la sardine serait probablement excellente, et dans tous les cas le hareng de qualité inférieure pourrait être employé à cet usage, ainsi que beaucoup d'autres poissons huileux, et les moules, si abondantes sur le littoral de l'Océan, pourraient peut-être remplacer les mya arenaria (1).

---

(1) Pour remplacer les clams, les pêcheurs américains se servent quelquefois de morue fraîche, bouillie et broyée qu'ils mélangent avec le poisson salé. Ils emploient aussi du riz cuit, et l'un d'eux m'a assuré qu'il y a des moments où, en jetant aux maquereaux

A différentes reprises, le capitaine Elwell m'a dit que si le gouvernement français désirait faire sur nos côtes, un essai de la méthode américaine, il serait heureux de se mettre à sa disposition, et qu'il viendrait passer quelques mois en France pour en montrer les différents détails.

Il se munirait des engins nécessaires, montrerait comment les pêcheurs du Massachusetts salent à bord pour conserver au poisson toutes ses qualités, et donnerait enfin à la marine d'utiles renseignements sur les bateaux-glacières et sur la façon de les conduire pour arriver à tirer tout le parti possible de la glace.

Comme complément des renseignements que je viens de donner sur la pêche américaine du maquereau, j'ajouterai qu'en arrivant au port les pêcheurs et les armateurs des schooners sont tenus de faire inspecter la pêche par des fonctionnaires spéciaux institués à cet effet. Dans le Massachusetts, l'inspecteur-général du poisson, nommé par l'État, dépose un cautionnement de 10,000 dollars et ne doit avoir, directement ni indirectement, aucun intérêt dans le

---

quelques poignées de sel, on en obtient un excellent résultat. Il paraît que ces poissons, incommodés par le sel qu'ils avalent, descendent au fond de la mer pour y dégorger leur nourriture, et remontent immédiatement très-affamés.

commerce et la préparation des poissons salés ou fumés. Pour faciliter ses opérations, il nomme, dans chaque port où la chose est nécessaire, un inspecteur-adjoint relevant de son autorité; mais comme il reste pécuniairement responsable des actes de cet agent, il peut exiger de lui, en garantie, un cautionnement suffisant.

L'inspecteur-général et les inspecteurs-adjoints ont pour mission de veiller à la bonne préparation du poisson, à la solidité et à la confection des fûts et caisses d'emballage, ainsi qu'à leur capacité réglementaire. Lorsque leur inspection est terminée, ils doivent faire marquer sur le haut de chaque fût, en lettres bien lisibles, le nom du poisson emballé, la qualité suivant un numéro d'ordre, l'année de la préparation et le nom abrégé : (MASS.) de l'État de Massachusetts. En outre, ils doivent, en témoignage de l'accomplissement de leur travail, faire inscrire sur les fûts la première lettre de leur nom de baptême et leur nom de famille en entier.

D'après les règlements, les maquereaux salés sont divisés en quatre qualités, suivant leur taille, leur état sain et la manière plus ou moins parfaite dont ils ont été préparés. Le nº 1 comprend les poissons ayant au moins treize pouces de longueur de l'extrémité de la tête à la queue, libres de taches ou de meurtrissures quelconque, et ne présentant pas

la plus légère trace de rance ou de moisi , ce dont
il est facile de s'assurer en les ouvrant en deux.
Le n° 2 se compose de poissons ayant au moins
onze pouces de taille et dans un état tout aussi
parfait de conservation que les précédents; quant
aux deux autres numéros, ils comprennent des produits inférieurs, quoique cependant encore dans
d'excellentes conditions pour servir à l'alimentation
publique (1).

On fabrique les fûts destinés à l'emballage avec
du chêne blanc, du frêne, du chêne rouge, du sapin, du pin ou des douvelles de chataîgnier; ils sont
marqués du nom du fabricant, et, avant d'être mis
en service, l'inspecteur de la localité les examine
soigneusement et rejette ceux dont la confection
est défectueuse, ou dont la capacité n'est point
conforme aux règlements. On en emploie de différentes grandeurs, désignées par les dénominations
suivantes :

Le tierçon contenant 300 livres de poisson salé.
Le baril en contenant 200 ― ―
Le 1/2 baril ― 100 ― ―
Le 1/4 ― ― 50 ― ―
Le 1/8 ― ― 25 ― ―

---

(1) Je ne crois pas commettre une erreur en affirmant la supériorité des maquereaux salés américains sur les nôtres, supériorité qui
tient à la fois à la manière de les préparer, à l'usage de les fendre
en deux pour les saler, et aussi à la bonne organisation des inspec-

La législation du Massachusetts se montre très-sévère contre les contraventions aux dispositions précédentes. Ainsi, d'après les règlements en vigueur : « Tout poisson mariné, salé ou fumé,
» n'ayant point été inspecté et marqué, que l'on
» embarque sur un navire ou que l'on charge sur
» une voiture pour l'envoyer hors de l'État ou le
» vendre dans l'intérieur, peut être confisqué, et
» l'inspecteur-général a droit de le faire saisir par-
» tout où il se trouve. En outre, les capitaines ou
» autres personnes ayant mis le poisson à bord ou
» l'ayant chargé sur une voiture, sont passibles
» d'une amende de 10 dollars par chaque cent livres
» de poisson saisi. Enfin, quiconque transporte
» dans l'État, ou exporte au dehors du poisson
» gâté dans l'intention de le vendre, — à moins
» que ce ne soit dans un autre but que de le faire
» servir à la nourriture, — encourt la même
» amende de 10 dollars par chaque 100 livres de
» poisson. »

Les frais d'inspection du poisson salé ou fumé, sont fixés à :

---

tions. Tout le monde sait d'ailleurs que le poisson pris à la ligne est incontestablement supérieur à celui qui provient des filets flottants. La longue agonie après laquelle il périt dans ces derniers engins, lui enlève une partie de ses qualités.

14 cents, par tierçon inspecté
 9 —   par baril   —
 6 —   par 1/2 baril —
 3 —   par chaque fût de plus petite dimension.

L'inspecteur a droit en outre à un *cents* par fût, quelle que soit sa capacité au moment où il le fait définitivement fermer pour y apposer ses marques. Ces différentes indemnités sont acquittées par les pêcheurs, les propriétaires de bateaux ou les marchands réclamant les services de l'inspecteur, avec faculté par eux de se faire rembourser ces avances par ceux qui, plus tard, achèteront la marchandise. L'inspecteur-général est autorisé à prélever sur les salaires perçus par ses agents une taxe de 4 *cents* par tierçon, 1 *cents* par baril, et 1/4 *de cents* par chaque fût de moindre dimension.

Tous les ans, au mois de janvier, l'inspecteur-général est tenu d'établir un relevé exact du poisson salé et fumé, inspecté par lui et ses agents, en ayant soin de désigner les espèces, les quantités et les différentes qualités des produits sur lesquels on a opéré; ce document est transmis au secrétaire de l'État du Massachusetts, qui le fait immédiatement insérer dans un des journaux officiels de la ville de Boston.

Ces relevés sont, du reste, très-intéressants à consulter, en ce qu'ils montrent les grandes fluctuations de la pêche du maquereau et combien peu l'on doit, d'une année à l'autre, compter sur des résultats semblables. On en jugera par le tableau suivant, où sont mentionnées les quantités de barils inspectés dans les différents ports du Massachusetts, depuis 1825 jusqu'en 1861 :

BARILS INSPECTÉS.

Années.	Nombre de barils.	Années	Nombre de barils.
1825.........	254 381	1844.........	86 181
1826.........	158 740	1845.........	202 302
1827.........	190 310	1846.........	188 261
1828.........	237 324	1847.........	251 917
1829.........	225 877	1848.........	317 101
1830.........	308 485	1849.........	231 856
1831.........	383 658	1850.........	242 572
1832.........	222 452	1851.........	329 442
1833.........	222 926	1852.........	217 530
1834.........	252 884	1853.........	183 340
1835.........	197 411	1854.........	135 349
1836.........	177 056	1855.........	211 952
1837.........	144 189	1856.........	214 312
1838.........	110 740	1857.........	168 705
1839.........	74 243	1858.........	131 602
1840.........	50 490	1859.........	134 528
1841.........	55 137	1860.........	233 685
1842.........	75 543	1861.........	194 283
1843.........	64 451		

Comme on le voit par ce tableau, 1830, 1831 et 1848 furent des années exceptionnelles pour l'abondance de la pêche; tandis que de 1839 à 1844, c'est à peine si on réalisa quelques profits. Actuellement, malgré le malaise général qui résulte de la guerre civile, la situation est encore satisfaisante, et, sans doute, dès que la tranquillité régnera de nouveau dans la contrée, cette situation redeviendra ce qu'elle était dans les années les plus prospères. Du reste, beaucoup de marins des États du Nord ont abandonné momentanément la profession de pêcheur pour embarquer sur les bâtiments de guerre, où les attirent à la fois le patriotisme et l'appât des primes élevées que paie le Gouvernement fédéral.

En terminant ces détails sommaires sur l'une des plus intéressantes industries de la Nouvelle-Angleterre, je ne saurais trop m'appesantir sur l'utilité des *inspections officielles* comme moyen de maintenir le commerce du poisson salé à l'état de moralité, qui seul peut l'empêcher de verser dans la consommation publique des produits inférieurs. Grâce aux sages prescriptions des règlements, à la pénalité sévère qu'entraînent les infractions, grâce surtout à l'emploi de marques spéciales pour distinguer chaque qualité de poisson salé, on peut, aux États-Unis, acheter cette denrée avec certitude de ne pas être trompé par les marchands. Les pêcheurs eux-mêmes, connaissant toute l'importance du classement des produits, sont conduits par l'intérêt personnel à donner de grands soins à la salaison à bord, et à l'exécuter avec célérité dans les grandes chaleurs principalement. Il est donc juste de reconnaître que l'application des règlements sur les inspections tourne au profit de la masse, entretient en même temps l'émulation des pécheurs, et porte les armateurs à faire construire des navires rapides, afin de pouvoir lutter contre leurs concurrents avec de plus grandes chances de succès.

De pareilles institutions seraient-elles avantageuses en France, et auraient-elles pour effet de relever quelques-unes de nos préparations salées de l'infériorité où elles se trouvent, quoi qu'on en dise, si on les compare aux produits similaires venant d'Angleterre et de la Hollande? Pour ma part, je n'en doute pas un seul instant, et je me suis laissé dire que plusieurs de nos commissaires de l'inscription maritime des quartiers du Nord avaient, à diverses reprises, proposé des mesures semblables.

Les règlements américains, calqués en partie sur ce qui se fait en Angleterre, établissent trois qualités d'aloses et de saumons salés; quant aux harengs et aux alewises (*clupea serrata*) fumés, ils les distinguent en deux catégories seulement, et les inspecteurs sont tenus de rejeter comme rebut tous les

poissons ayant le ventre crevé, montrant des traces
de brûlé, ou n'ayant pas suffisamment de sel pour
être de bonne conservation. En ce qui concerne spécialement les maquereaux salés, aucune comparaison n'est possible avec les nôtres, tant ces derniers
leur sont inférieurs. Renfermés dans des barils bien
confectionnés, où ils baignent entièrement dans une
saumure faite avec soin, ils acquièrent une saveur
délicate et particulière qui n'est point sans analogie
avec celle de l'anchois salé ; aussi ces poissons sont-
ils recherchés par les classes riches, qui les considèrent comme une des nourritures les plus appé-
tissantes qu'on puisse manger dans la saison d'été.
Aux Antilles, et notamment dans la Havane, ils sont
également l'objet d'une grande faveur. La meilleure
manière de les accommoder après qu'ils ont été
dessalés, consiste, selon moi, à les faire griller et à
les servir simplement avec de bon beurre frais ma-
nié de fines herbes. Il est pénible de le dire, mais
chez nous les mêmes poissons ne paraissent guère
que sur les tables des familles peu aisées.

Dans les divers articles insérés dans ce volume,
tout en traitant les questions techniques et montrant
l'extrême liberté dont jouit en général l'industrie
de la pêche aux États-Unis, je me suis attaché à
faire connaître en même temps la pénalité rigoureuse qui punit les contraventions dans lesquelles

l'intérêt public est compromis. Le peu de mots que j'ai dits sur la législation suffira, je pense, pour montrer combien nous sommes injustes, en France, dans la manière dont nous apprécions le plus souvent les institutions qui nous régissent. Ainsi nos pêcheurs, si prompts à se récrier contre toute réglementation, même contre celle qui protége le mieux leurs intérêts, se croiraient victimes d'un odieux arbitraire si on leur appliquait la loi américaine. Que diraient-ils, s'ils se voyaient, comme les marins du *Rhode-Island*, condamnés à 1,500 fr. d'amende pour avoir employé un engin prohibé? Et je ne parle même pas de la prison et de la confiscation du bateau. Ces braves gens n'auraient certainement pas assez de voix pour faire entendre leurs plaintes; et pourtant, dans la trop libre Amérique, nul ne songe à s'élever contre de pareilles mesures; mais aussi chacun comprend que la fécondité de la mer finirait par s'épuiser si on l'exploitait sans discernement, et que l'intérêt de la masse a besoin d'être d'autant plus protégé que la liberté individuelle est elle-même plus illimitée. Que diraient encore nos chalutiers de Trouville, Dieppe, Fécamp, etc., si on leur apprenait qu'aux Etats-Unis, où la pêche côtière s'exerce sur des espaces immenses, où l'abondance règne partout, le chalut n'est usité nulle part, sans excepter les localités où

il pourrait plus particulièrement donner d'énormes
bénéfices? Rien n'est plus vrai cependant; et si les
pêcheurs de cette contrée ne s'en servent point et
donnent la préférence à d'autres filets et à la pêche
aux cordes, c'est parce qu'ils ont reconnu ses effets
destructeurs et la nécessité d'en prohiber l'emploi.
Cessons donc nos récriminations, n'accusons point
nos règlements de manquer de tolérance, et recon-
naissons avec justice que dans bien des cas ils pè-
chent plutôt par l'excès contraire, témoin le chalut,
que tant de raisons devraient faire supprimer.

Nous ne pouvons nous le dissimuler, le poisson
diminue progressivement dans la Manche; et si la
pêche donne encore des bénéfices suffisants, c'est
grâce à l'élévation du prix de vente sur les marchés.
Mais il est à craindre que le mal ne vienne à empi-
rer, et probablement, dans un temps rapproché, les
gouvernements sentiront la nécessité de s'entendre
pour défendre un instrument qui tue dans son
essence même l'industrie du pêcheur.

Quelques personnes trouveront sans doute mes
craintes exagérées, d'autres les taxeront de pué-
riles, et se chargeront au besoin de prouver que,
loin d'être nuisible, le chalut, en labourant le fond
de la mer, contribue à sa fécondité et l'approprie
mieux aux conditions d'existence du poisson. Ces
opinions ne sont pas nouvelles, et se sont reproduites

toutes les fois qu'on a attaqué la pêche en question ; mais de là à la vérité, il y a tout un monde, et les intérêts particuliers qu'elles abritent sont trop évidents pour ne pas éveiller la défiance. Une fois pour toutes, la marine impériale devrait couler cette affaire à fond, en donnant l'ordre à un garde-pêche de faire des expériences rigoureuses dans les parages fréquentés par les chalutiers. On déterminera ainsi les quantités de frai et de jeunes poissons, qu'un bateau pêchant dans les conditions habituelles peut détruire dans le courant d'une année, et je n'hésite pas à déclarer d'avance qu'on sera effrayé du résultat.

Qu'on ne s'y trompe pas, il y a là une grosse question à résoudre, la plus importante peut-être que présente aujourd'hui la pêche côtière, car le chalut est aussi dangereux pour le poisson de mer que le *drap des morts* pour le gibier de nos campagnes. Je ne m'étendrai pas plus longuement sur ce sujet, qui préoccupe vivement les esprits en Angleterre (1) et provoque de fréquents meetings, je

(1) Le journal anglais le *Times* rendait compte il y a quelques temps de l'intention des pêcheurs du Northumberland, du Durham et du Yorkshire, de provoquer une loi pour la suppression du chalut. Dans un meeting tenu dans le Northumberland, un orateur, après avoir parlé de l'origine et des progrès de la pêche au chalut, adjurait les assistants de réunir tous leurs efforts contre un système

terminerai en disant que le peuple américain, en repoussant une méthode pernicieuse, a montré une fois de plus son bon sens et son entente profonde des véritables intérêts maritimes. Que nos pêcheurs aussi acquièrent un peu de cet esprit pratique; que, moins routiniers, ils deviennent accessibles aux innovations, qu'ils profitent des perfectionnements réalisés à l'étranger, et bientôt, comme leurs confrères du Nouveau-Monde, ils verront le bien-être s'asseoir à leurs foyers.

UN DERNIER MOT

Il m'a fallu une résolution bien arrêtée et une certaine méfiance de moi-même pour concentrer uniquement mes investigations sur l'étude des mollusques et des poissons, alors que tant d'hommes éminents, malgré les préoccupations d'une guerre qui passionne les esprits les plus froids, me dévoilaient les secrets

---

de pêche également nuisible aux intérêts des pêcheurs et de la fortune publique. A la suite de ce discours, diverses résolutions furent adoptées tendant à adresser au Parlement une pétition pour faire examiner la question. Dans un autre meeting, M. Bell rendit compte qu'il y avait plus de quatre cents smacks se servant de chaluts sur les côtes nord-est d'Angleterre, et qu'on estimait à des milliers de tonnes la quantité de frai ou de petits poissons qu'ils détruisaient annuellement.

du grand problème de l'alimentation générale, ré-
solu par la coopération honorablement spéculative
de la population elle-même. C'est que l'habitude et
l'amour du travail constituent le caractère distinctif
du peuple américain et que toutes ses facultés sont
dirigées vers les connaissances utiles et applicables.
Sa raison ne se laisse troubler par rien d'imaginaire,
et il a compris, encouragé en cela sans doute par les
législateurs et les bons esprits du pays, qu'il fallait
avant tout assurer aux masses une subsistance facile.
On peut s'en convaincre en voyant converger vers
les grands centres les denrées alimentaires à un prix
tellement abaissé, relativement à l'élévation des salaires, que le gibier, la venaison, les poissons, la
viande, les légumes, les fruits, etc., tout ce qui constitue enfin le luxe de la table, est à la portée de la
majeure partie de la population. Les chemins de fer
aident d'ailleurs puissamment à ce résultat, les
compagnie ayant su comprendre que tout en sauve-
gardant les intérêts des actionnaires, dans une juste
mesure, elles avaient à remplir, vis-à-vis de la nation, un impérieux devoir, celui de faciliter par des
tarifs modérés, l'approvisionnement des villes. En
ce qui concerne spécialement l'industrie de la pêche,
il est possible aux États-Unis d'envoyer, par la
grande vitesse, aux localités de l'intérieur, les mollusques et les poissons frais, sans avoir à payer des

frais de transport qui absorbent, ainsi que cela arrive en France, le plus clair des bénéfices des pêcheurs, et augmentent la cherté des produits. Ne l'oublions pas, la valeur morale d'un peuple et la dignité de son caractère sont les conséquences de la vie à bon marché, qui seule le met à l'abri de la corruption de la misère !...

J'aurais eu encore une étude fort intéressante à faire sur les instincts maritimes du peuple américain et leur influence sur le développement de la richesse et de la puissance du pays.

Lorsqu'on parcourt le littoral des États du Nord, il est impossible de ne pas être frappé de l'intérêt profond que portent les habitants à tout ce qui tient *aux choses de la mer*. Partout où l'agriculteur aboutit au rivage de l'Océan et des fleuves, il fait ordinairement de la pêche l'annexe du travail des champs, et possède presque toujours un bateau pour transporter ses produits.

Dans une autre sphère, on voit également les négociants, les propriétaires, vivant sur le littoral, les jeunes gens des villes maritimes s'adonner avec passion à la navigation de plaisance, se livrer dans la saison à l'exercice de la pêche et chercher sur la mer une foule de distractions que les belles et élégantes américaines, elles-mêmes, *ne dédaignent* point de partager. Nulle part, sans en excepter l'Angleterre, on ne se sént au milieu d'un peuple plus essentiellement marin ; aussi ce que l'on voit sur les côtes de yatch, de canots, d'embarcations de toute sorte appartenant à de simples particuliers est à peine croyable, et partout cette fusion de la population avec les choses de la mer porte des fruits. Un jour que j'admirais les manœuvres faites par un navire de plaisance, je fus fort étonné d'apprendre qu'il appartenait à un riche propriétaire de l'ile Long-Island, monsieur A. Jones, et que depuis le capitaine jusqu'au mousse, toutes les différentes fonctions du bord étaient remplies par des familiers de sa maison. Qui, le valet de chambre (c'était le capitaine), qui le cocher, qui le valet de ferme, etc.; puis, aussitôt rentré au port, chacun de s'en revenir à ses occupations journalières, dont aucune n'aurait certes pu faire *soupçonner* des connaissances aussi spéciales du métier de marin. Il faut bien le reconnaître, une population familiarisée ainsi dès l'enfance avec la pratique de la navigation et ses rudes labeurs, ne peut guère redouter une guerre maritime, car, le jour où elle serait sérieusement menacée, elle trouverait, en dehors de l'élément purement marin, un précieux auxiliaire pour la défendre.

NOTE A

Prospectus de la Compagnie Anglaise « *pour la reproduction des poissons et des huîtres* » *constituée par acte de l'année 1862... Capital 50,000 liv. st. en 10,000 actions de 5 liv. st. chaque.*

La Compagnie se propose :

1° D'établir en Angleterre des huîtrières artificielles suivant les procédés modernes français, qui sont appliqués avec succès sur le continent.

2° De louer et d'améliorer les anciennes pêcheries d'huîtres appartenant à des particuliers et qui sont négligées.

3° De créer de nouveaux bancs d'huîtres et de repeupler ceux qui sont épuisés.

4° De louer les rivières à saumons improductives, afin d'en régénérer les pêcheries par des moyens artificiels ou autres.

5° De créer des établissements pour la fécondation, la

reproduction et la vente des meilleures espèces de poissons d'eau douce et d'eau salée.

———

Les grands bénéfices qu'on peut retirer de la reproduction artificielle des huîtres, lorsqu'elle est conduite avec soin, sont démontrés par ce qui a été fait en France dans les dernières années. Les opérations entreprises sur une large échelle, pour le compte du gouvernement français, par le savant professeur Coste, ont complétement prouvé que la culture de l'huître pouvait être plus lucrative que n'importe quelle récolte. Les remarquables succès obtenus en Bretagne, ont été mis hors de doute par la Commission chargée, en 1862, par l'État de Jersey, de visiter les nouvelles huîtrières; Commission dont le rapport, récemment publié, constate que l'on tire maintenant en France d'immenses revenus de différentes parties exiguës du littoral dont on ne tirait aucun parti quelques années auparavant. Si l'on considère l'énorme faculté de reproduction d'un coquillage donnant dans la saison de *un à deux millions* de petits, on ne sera point étonné qu'en empêchant, par d'intelligents moyens, le frai de se perdre, on puisse faire produire aux huîtres 5 *ou* 10 *pour un*, ce qui est le chiffre le plus bas obtenu sur les huîtrières artificielles françaises.

La valeur des anciens bancs d'huîtres de l'Angleterre, tels que ceux de Whitstable, Colchester, etc., est assez connue; mais, quoique ces bancs donnent depuis long-temps de grands revenus aux propriétaires ou aux locataires, ils sont cependant loin d'être exploités selon les principes de la science de l'ostréiculture.

En créant de nouveaux bancs dans les localités présentant les conditions requises pour la croissance des mollusques, et en les emménageant suivant les plans de M. Coste pour recueillir le frai, la Compagnie compte sur des résultats supérieurs à ceux qu'on obtient sur les bancs livrés à eux-mêmes.

Avec la supériorité incontestable des huîtres natives anglaises sur les huîtres du continent, l'augmentation croissante de leur prix et le goût effréné du peuple anglais pour cette nourriture de prédilection, il est évident que la réussite de l'entreprise en question donnera des bénéfices inusités.

Des arrangements ayant été pris pour louer à des prix avantageux des fonds maritimes réunissant les conditions les plus favorables pour produire les meilleures huîtres, la Compagnie est en mesure de commencer immédiatement ses opérations, d'autant qu'elle s'est assuré les services d'une personne connaissant parfaitement l'ostréiculture moderne.

———

Extrait *d'un rapport adressé à l'Etat de Jersey (île), sur les huîtrières de France, annexé au Prospectus de la Compagnie Anglaise.*

AUX MEMBRES DU COMITÉ DÉSIGNÉ PAR LES ÉTATS DE JERSEY
POUR FAIRE UNE ENQUÊTE SUR LES HUITRIÈRES.

Messieurs,

Désignés par vous pour visiter les différentes localités de la France où l'on s'occupe de la propagation artificielle des huîtres, nous avons pensé qu'il était préférable de différer notre inspection jusqu'à l'époque où les jeunes huîtres seraient suffisamment grandes pour que nous puissions bien juger de leur croissance. Dans le but de rendre notre rapport plus satisfaisant pour ceux qui s'occupent de la pêche, nous avons jugé utile de nous adjoindre une personne qui, s'étant depuis long-temps occupée, ici, du commerce des huîtres, pourrait contrôler les renseignements qu'on nous fournirait. Nous avons demandé, en conséquence, qu'on nous adjoignît M. Samuel Le Four.

De retour maintenant à Jersey, nous venons vous soumettre les résultats de nos recherches.

A l'île de Ré, une quantité incroyable d'huîtres a été produite sur une plage n'ayant aucune valeur; de sorte que cette nouvelle industrie réalise aujourd'hui des bé-néfices considérables, et répand le bien-être dans un grand nombre de familles jusque-là dans l'indigence. A Saint-Martin, l'autorité maritime a créé des parcs modèles où nous vîmes les pierres tapissées d'une immense quantité de jeunes huîtres, toutes de la plus belle conformation. Au moment de la basse-mer, la vue de ces parcs est magnifique.

A Saint-Martin, nous fîmes la connaissance du docteur Kemmerer, homme de mérite qui se livre à l'élevage des huîtres, et a publié sur cette matière divers ouvrages fort intéressants.

C'est de 1858 seulement que date l'industrie en question, et, depuis cette époque, 2,000 parcs ont été créés sur une étendue de plage d'environ 5 milles de longueur. D'une superficie de 30 yards carrés, ces parcs coûtent en moyenne, à établir, 12 livres sterling chaque, et le docteur Kemmerer prétend que, toutes dépenses de construction payées, ils ont donné en trois ans l'énorme bénéfice de 1,000 *pour* 100.

A La Teste, le commissaire de l'inscription maritime nous a conduits sur quelques-unes des huîtrières artificielles du bassin d'Arcachon, où nous avons vu les ouvriers occupés à détacher les jeunes huîtres les unes des autres, dans le but de leur donner plus de place pour grandir. Le propriétaire de l'un de ces établissements, que nous trouvâmes sur les lieux, nous assura qu'il y avait déposé 500,000 huîtres trois ans auparavant, et qu'il n'estimait pas à moins de 7,000,000 le nombre de celles qu'il possédait actuellement.

Quelque temps après, nous visitâmes la baie de

Saint-Brieuc, où on a jeté, il y a quelques années, des huîtres pour régénérer les bancs; en sus, nous explorâmes la baie de Cancale, où, malgré la violence des marées, la plage est couverte d'étalages d'huîtres au nombre d'environ 3,000, construits à peu de frais au moyen de pieux enfoncés dans le sable. Les huîtres y croissent à merveille.

Ayant lu les rapports instructifs et intéressants de M. le professeur Coste sur l'industrie huîtrière, nous nous attendions à voir des choses surprenantes; mais, néanmoins, ce que nous avons vu a dépassé notre attente.

P.-W. Nicolle, juré justicier.

Edward le Huguet, connétable de Saint-Martin.

Jersey, 9 décembre 1862.

Note sur les huîtres et les bancs d'huître annexés au Prospectus de la Compagnie Anglaise.

Les huîtres fraient annuellement du mois de juin au mois de septembre, et, comme elles sont hermaphrodites, chacune d'elles peut émettre du frai. Elles commencent à frayer dès la troisième année, quelquefois plus tôt, et le nombre des germes ou œufs expulsés par un seul sujet excède un million.

Lors de son expulsion, le frai d'huître est, dans le langage des pêcheurs, « *floatsome* » (de nature flottante),

et a besoin, pour pouvoir se fixer, de quelques objets
saillants, tels que coquilles, pierres, etc., que l'on désigne, dans ce cas spécial, sous le nom de « *cultch.* »

Observé dans ses premières phases d'adhérence au
« *cultch*, » le frai a l'apparence de taches de suif, dans
lesquelles on voit les coquilles se développer rapidement
et former en peu de temps des huîtres en miniature.
Dans cet état, le frai prend le nom de « *spat*, » et il en
faut, autant qu'on peut l'estimer, 25,000 pour former
un boisseau. Le *spat*, dans la seconde année, s'appelle
« *brood*, » et il en faut de 4,800 à 6,400 pour faire un
boisseau. L'année suivante, le *brood* devient « *ware*, »
et il en va de 4,800 à 2,400 au boisseau. La quatrième
année, il faut de 4,200 à 4,600 huîtres pour la même
capacité.

On suppose avec une grande apparence de raison
que la nourriture de l'huître consiste en infusoires dont
l'eau de mer abonde. On peut observer que ce coquillage, conservé dans un aquarium, a les valves légèrement entr'ouvertes, et que, par le moyen des organes
ciliés de ses branchies, il produit un courant d'eau
continu, qui lui amène les particules nutritives dont il
a besoin, et qui sert en même temps à éloigner les
excréments. On sait, depuis longtemps, que l'huître
gagne beaucoup en grosseur et en qualité quand on la
transplante de la pleine mer dans des endroits où les
eaux douces se déchargent en abondance, ce que Pline
avait déjà observé : « *Gaudent dulcibus aquis et ubi
plurimi influent amnes.* »

Au marché de Londres, les huîtres sont divisées en deux grandes catégories : les natives et les communes.

Les natives sont celles qui naissent dans les eaux des estuaires de la Tamise et dans les criques de ses affluents, des deux côtés de Kent et d'Essex. La supériorité des huîtres natives consiste dans la grandeur relative du mollusque comparée à celle de la coquille, dans sa remarquable succulence, sa délicate saveur, sa forme compacte, ainsi que dans la dureté et le brillant de l'écaille.

Le prix des huîtres natives est conséquemment très-élevé en comparaison des autres qualités, et dernièrement il était, pour celles de quatre à six ans, de 40 à 45 shellings le boisseau en contenant environ 1,600.

Sous la désignation de communes, on comprend toutes les autres huîtres qui sont encore distinguées entr'elles par le nom de la localité d'où elles proviennent : comme huîtres de Manche, de Jersey, des parages de l'Ouest, etc.

Le prix des huîtres communes, suivant l'endroit où elles ont été pêchées et leur taille varie de 5 à 15 schellings le boisseau.

Nota.— Ces différents prix, s'appliquent propablement à la vente en gros des huîtres, par les pêcheurs ou les propriétaires des bancs.

Des bancs d'huîtres.

Il y en a :

1° De deux sortes par rapport à la qualité des produits :

les bancs d'huîtres communes et ceux d'huîtres natives ;

2° De deux sortes relativement à la propriété : les bancs publics et ceux qui appartiennent à des particuliers ;

3° De deux sortes eu égard à leur origine et au mode d'exploitation qu'on leur applique : les bancs naturels et les bancs artificiels.

Ce qui distingue principalement les bancs d'huîtres natives des bancs d'huîtres communes, c'est la qualité de leurs produits ; mais il est impossible de dire aujourd'hui à quelle cause on doit attribuer la grande supériorité des huîtres natives sur les autres. La circonstance la plus remarquable, se rattachant à la question des bancs d'huîtres natives, c'est qu'ils sont tous situés sur « l'argile de Londres » ou sur des formations géologiques de semblable nature.

Commençant au rivage de Kent, les bancs d'huîtres natives s'étendent à des intervalles irréguliers dans l'Ouest, depuis Ramsgate jusqu'à Sheerness et Queenborough, et dans l'Est sur la côte d'Essex et ses rivières, depuis Leigh jusqu'à la rade de Harwick. Les bancs des autres parties de la contrée sont considérés comme bancs d'huîtres communes.

Plusieurs des meilleurs bancs connus d'huîtres natives sont en grande partie factices, et comme ils ne possèdent pas un pouvoir certain de reproduction, ils seraient bientôt épuisés s'ils n'étaient fournis de jeunes générations, par d'autres bancs même situés pour produire et retenir le frai. Tels sont les célèbres bancs d'huîtres de Whit-Stable, où une bonne tombée de « spat » n'a lieu qu'accidentellement, ce qui cependant ne produit pas moins de 30,000 livres sterlings en un an, à la « Compagnie d'huîtres de Whit-Stable » en rendant inutile l'achat du naissain (brood). On n'y fait d'ailleurs usage d'aucun procédé artificiel pour recueillir la semence, qui se fixe au hasard sur le *cultch* des bancs et sur le rivage adjacent, ou bien va se perdre au large.

Certains bancs d'huîtres natives, entr'autres le « pont », à l'embouchure des rivières « Colne et Blackwater », sont pourtant remarquables par leur production en apparence inépuisable de frai, dont, sous forme de « brood, » les bancs de Whit-Sable et ceux de Kent et d'Essex sont en grande partie approvisionnés.

Le « brood », ce produit si précieux pour entretenir les bancs d'huîtres de la Tamise, a récemment augmenté de valeur, et a été vendu, dans la saison de 1862 à 1863, au prix de 40 schellings le boisseau.

BANCS D'HUÎTRES.

Les bancs particuliers sont ceux qui, étant de temps immémorial, la propriété exclusive d'individus ou de compagnies, sont marqués par des bouées ou autres indications. Tous les autres bancs sont réputés propriétés publiques et accessibles à tout le monde.

Dans l'état actuel de la législation anglaise relative aux eaux navigables, les bancs particuliers, situés au-dessous de la laisse de basse-mer, sont limités à ceux d'ancienne date, attendu qu'il n'existe aucun moyen légal de restreindre la jouissance de ceux qui se trouvent dans des endroits, dont la propriété n'est point prescrite par un droit reconnu. Toutefois, en Irlande, les commissaires des pêches ont été autorisés à accorder, par des licences au nom de la Couronne, le droit exclusif d'élever et de pêcher des huîtres, dans des localités convenables pour cette industrie, lorsqu'il n'existe aucun droit antérieur ; il en est de même, par rapport aux rivages de la mer sur lesquels la Couronne a un droit de contrôle, à l'exception de ceux qui ont été cédés par don ou autrement. Dans quelques districts, et plus particulièrement dans l'estuaire de la Tamise, la Couronne a, dans une grande étendue, perdu ou disposé de ses droits sur les plages qui sont devenues, en conséquence, la propriété privée des riverains.

Dans ce dernier cas, les plages sont généralement gardées avec soin par leurs propriétaires, en vue de la pêche des coquillages, coques, pétoncles, moules, etc., qu'elles produisent, aussi bien que pour y déposer, au printemps, des huîtres communes, destinées à être engraissées par la vente des mois d'été et d'automne.

Les bancs naturels, proprement dits, sont en majeure partie des bancs d'huîtres communes, et se trouvent ordinairement dans le domaine public ; ils sont toujours situés au-dessous de la laisse de basse-mer, et sont rare-

ment couverts de moins de trois pieds d'eau de basse-
mer.

Quelques bancs d'huîtres natives sont néanmoins de
vrais bancs naturels, et les principaux bancs de Colne
appartiennent à cette catégorie ; mais les autres bancs
d'huîtres natives, qui demandent à être entretenus au
moyen de jeunes huîtres étrangères, ne sauraient être
considérés comme naturels, dans l'acception rigoureuse
du mot. Ils tiennent une position intermédiaires entre
les véritables bancs naturels, et les bancs purement artificiels, dont il n'a été encore créé aucun spécimen en
Angleterre.

Les bancs artificiels sont ceux dont la reproduction
est assurée par des moyens factices, et à l'exception de
ceux du lac Fusaro, qui datent des Romains ; ils sont
tous de création moderne, ayant été inventés par le
professeur Coste et établis par lui sur les côtes de
France.

Ils sont formés sur des plages émergentes afin de faciliter la construction et les soins à donner aux appa-
reils-collecteurs, ainsi que la manipulation des huîtres.
Ce dernier travail, qui améliore grandement les produits, consiste à détacher les petites huîtres des appa-
reils-collecteurs, à les séparer quand elles sont collées
ensemble, à détruire les étoiles de mer, coquilles de
chien, moules et autres parasites, comme aussi à enlever, en l'agitant, la vase dont l'accumulation sur les
bancs pourrait étouffer les mollusques.

. . . .

Pour obvier à la gelée et à l'ardeur du soleil, qui sont également nuisibles aux huîtres laissées à sec par la marée, il doit rester environ un pied d'eau sur les bancs de basse-mer. Sur ce point, les Français ont profité de l'expérience des propriétaires des plages de la Tamise, où ce frai d'huître tombe naturellement de temps en temps, en quantités variables. On a remarqué que ce frai peut toujours être élevé, même dans les hivers les plus rigoureux, s'il reste à marée-basse un pied d'eau environ sur les bancs.

Le chiffre moyen de la reproduction obtenue en France, par les méthodes artificielles d'élevage, est d'environ *quatorze pour un*. Quoique ce rendement soit très-beau, il y a encore un énorme déchet, que des améliorations ultérieures dans le mode d'arrêter et de fixer le frai, diminueront sans aucun doute, de sorte que les bénéfices de la culture artificielle des huîtres augmenteront encore (1).

-----

(1) Les documents qu'on vient de lire ont été traduits presque littéralement et les renseignements qu'ils fournissent sur les huîtres natives anglaises, nous paraissent devoir être consultés avec fruits. Ils corroborent ce que nous avons dit sur la manière dont les Américains élèvent, et améliorent les huîtres de la mer, en les transplantant dans des fonds convenables, sans qu'il soit nécessaire de recourir au parcage proprement dit. La supériorité, incontestée, des huîtres natives de l'embouchure de la Tamise, devrait engager, selon nous, le département de la marine à faire faire une étude complète des terrains sous-marins, où sont situés les bancs qui les produisent. Comme nous avons probablement des terrains analogues sur nos côtes, nous pourrions peut-être arriver à produire des mollusques aussi délicats.   (*Note de l'auteur.*)

NOTE B

PRÉPARATIONS CULINAIRES DES HUÎTRES
ET DES CLAMS.

Soupe aux Huîtres.

Prenez l'eau d'une centaine d'huîtres, passez-la au travers d'un tamis pour enlever les débris d'écailles, ajoutez une pinte (un demi litre) de bon lait pour chaque pinte d'eau d'huîtres, assaisonnez avec poivre en grains, macis, une tête de céleri lavée et hachée menu, mettez le tout dans une marmite, faites bouillir et écumez soigneusement. Quand le liquide bout, jetez-y les huîtres, ainsi qu'un quart de livre de bon beurre frais, que l'on divise en quatre parties, roulant chacune d'elles dans de la farine. Si on a de la crême, on en ajoute une demi-pinte, ou bien on fait bouillir six œufs durs, dont on émiette le jaune dans la soupe. — Dès qu'on a mis les huîtres dans ce liquide, on ne doit laisser jeter qu'un bouillon, suffisant pour les gonfler, sans quoi elles se racorniraient et perdraient une partie de leur saveur. — On les ôte et on les met à part à refroidir.

Quand la soupe est cuite, mettez dans le fond de la soupière de petits croûtons de pain grillé, versez la soupe dessus, râpez-y un morceau de muscade et ajoutez les huîtres. Cette soupe doit être servie très-chaude.

Une autre préparation consiste à hacher menu les huîtres, en enlevant d'abord les parties dures. On fait la soupe de la même manière, et l'on ajoute les huîtres hachées au dernier moment, de façon à ce qu'elles restent cinq minutes au plus dans le liquide bouillant. C'est une fort bonne recette quand on ne fait qu'une petite quantité de soupe.

Huîtres frites.

Pour confectionner ce plat, on se sert des huîtres de grande taille, les plus fraîches qu'on puisse trouver. — Celles qui sont salées ne sont pas aussi convenables que les autres. — Après les avoir ôtées de la coquille, on les sèche dans une serviette et on les trempe dans du pain ou du biscuit râpé, assaisonné d'un peu de poivre de Cayenne. On répète deux fois cette opération afin qu'elles soient bien recouvertes et on les fait frire dans une friture composée par moitié de saindoux et de beurre frais.

Cette friture doit être très-chaude afin que les huîtres soient saisies immédiatement et ne deviennent point graisseuses. On les retire dès qu'elles sont d'un beau jaune doré et on les sert immédiatement. — Ce plat est incontestablement un des plus délicats qu'on puisse faire avec les huîtres américaines.

Huîtres rôties.

L'ancienne méthode de rôtir les huîtres consistait à les placer sur la pierre chaude d'un foyer et à les recouvrir de cendres brûlantes. — Aujourd'hui on les place sur le gril de fer au-dessus d'un feu très-ardent, en ayant soin de les disposer les unes à côté des autres la valve creuse en dessous. — La chaleur fait bientôt ouvrir les coquilles et dès que l'on juge les huîtres suffisamment cuites dans leur eau, on les retire et on les sert sur de grands plats dans leurs écailles. — Quelquefois on sert seulement la chair.

On mange les huîtres rôties avec du biscuit, du beurre et des pieds de céleri, dont on a enlevé toute la partie verte. — On boit de l'ale ou du porter. — Une autre manière consiste à enlever de grandes huîtres de la coquille et à les saupoudrer de farine. On les place ensuite séparément sur un gril de fil de fer et on les fait griller jusqu'à ce qu'elles soient cuites. On les sert sur un plat avec un petit morceau de beurre frais mis sur chacune d'elles, en les assaisonnant à sa convenance.

Huîtres marinées pour conserver.

Prenez 5 à 600 huîtres de la plus belle et de la plus grande espèce, mettez sur le feu avec leur eau, ajoutez de 10 à 12 onces de bon beurre frais et faites cuire doucement pendant 10 minutes, en ayant soin de bien écumer. Si on les laissait bouillir vivement et plus longtemps, elles deviendraient dures et raccornies. Otez-les du feu, enlevez-les de la marmite et placez-les à l'air sur de grands plats, afin qu'elles refroidissent vite, ou bien jetez-les dans de l'eau froide, ce qui les rend fermes. Ajoutez au liquide dans lequel elles ont bouilli, une quantité égale de bon vinaigre (de cidre), assaisonnez avec sel, poivre en grains, macis en poudre, muscade, et faites bouillir cette liqueur jusqu'à ce qu'elle soit réduite à la quantité nécessaire pour bien couvrir les huîtres et mettez le tout dans un vase de grès ou autre, de manière à le remplir entièrement. — Versez une cuillerée d'huile d'olive par dessus pour empêcher l'action de l'air et bouchez hermétiquement.

Clam chowder.

Le Clam chowder, préparation aussi populaire que la soupe aux huîtres, se fait de la manière suivante :

Mettez une centaine de petits clams dans de l'eau bouillante, et dès que les coquilles sont ouvertes, ôtez-les aussitôt, car ils ont suffisamment bouilli, et enlevez les parties dures. Coupez du lard en tranches minces en assez grande quantité, pour qu'en le mettant dans une grande marmite sur le feu, il puisse produire une demi-pinte de jus ou de sauce ; ôtez alors le lard et ajoutez au jus une couche de clams, puis une couche de biscuit trempé dans de l'eau ou du lait, puis une autre couche de clams par-dessus laquelle vous placerez encore du biscuit. Continuez ainsi jusqu'en haut de la marmite et assaisonnez avec des épices, poivre, macis, etc. On peut ajouter trois ou quatre oignons bouillis, coupés en tran-

chés, un peu de marjolaine hachée ainsi que quelques
pommes de terre bouillies, pelées et coupées en quartiers. Il faut que la couche supérieure soit composée de
clams. On couvre le tout avec de la pâte et l'on fait
cuire dans un four en fer ou à défaut on fait bouillir
dans un grand vase de ce métal.

NOTE C

LÉGISLATION HUITRIÈRE DU RHODE-ISLAND

EXTRAITE DU *Revised Law Statute.* — 1857.

CHAPITRE XCVI.

Des Pêcheries d'Huîtres libres et communes.

SECTION I. — Quiconque prendra des huîtres dans les pêcheries communes du ressort de l'État, ou qui vendra celles qui en proviendront, entre le 15 mai et le 15 septembre, sera puni d'une amende de 20 dollars pour chaque délit.

SECT. II. — Quiconque prendra plus de trois boisseaux d'huîtres par jour dans les pêcheries communes, situées au sud d'une ligne tirée entre l'extrémité de la pointe Fox et un monument érigé par les commissaires des pêcheries de coquillages sur le rivage de Seekonk, paiera 20 dollars par boisseaux d'huîtres en sus du nombre permis.

SECT. III. — Quiconque prendra plus de cinq bois-

seaux d'huîtres par vingt-quatre heures dans les pêcheries communes, situées au nord de la ligne dont il
vient d'être parlé dans la section précédente, paiera 20
dollars d'amende par boisseau illégalement pêché (1).

SECT. IV. — . . .

SECT. V. — Les amendes infligées à ceux qui en-
freindront les dispositions précédentes, seront parta-
gées entre l'État et la personne qui intentera les poursuites.

SECT. VI. — Les embarcations faisant la pêche des
huîtres dans les pêcheries communes de l'État, ne peuvent être armées par plus de deux hommes. — En outre, chacun d'eux ne prendra que la quantité d'huîtres
permise par le réglement.

SECT. VII. — . . .

SECT. VIII. — Quiconque prendra des *round-clams*
dans les gisements de la rivière de Providence, connus
sous le nom de Long-Bed, West-Bed et Great-Bed,
entre le 15 mai et le 15 septembre de chaque année,
sera puni d'une amende de 20 dollars pour chaque
contravention.

SECT. IX. — Toute personne qui prendra des huîtres
sur les pêcheries communes de l'État, avec une drague
ou tout autre instrument plus destructeur que les tongs
ordinaires, ou qui sera trouvé dans une embarcation

---

(1) Un amendement ultérieur à la révision de 1857, porte à 10
boisseaux la quantité d'huîtres qu'on pourra pêcher dans les eaux
de l'Etat indistinctement.

avec les engins ci-dessus mentionnés, sera puni de la confiscation de son embarcation avec tout ce qu'elle contiendra; en outre, chacune des personnes trouvées à bord au moment du délit, sera punie d'une amende de 300 dollars.

Sect. X. — Rien, dans la section précédente, ne sera interprété de manière à empêcher les citoyens de l'État de prendre des huîtres dans les étangs de la Pointe-Judith, au moyen d'un rateau disposé de la manière suivante : — « Le manche aura de quinze à vingt pieds » de longueur, et la tête, de un à deux de longueur, » sera armée de dents en fer de six à dix pouces de lon- » gueur; cet instrument est destiné à pêcher les huî- » tres, principalement en hiver, en le passant dans des » trous pratiqués dans la glace. »

Sect. XI. — Quiconque dégradera ou endommagera à dessein et sciemment des pêcheries communes d'huîtres appartenant à l'État, sera puni d'une amende de 500 dollars, moitié au profit de l'État, et moitié au profit de celui qui intentera les poursuites.

Sect. XII. — Ceux qui prendront des huîtres dans les pêcheries communes, devront rejeter à la mer les petites huîtres, les vieilles coquilles, les pierres, etc., en un mot, tous les corps qui servent à conserver les bancs en état prospère. — Les huîtres marchandes peuvent seules être enlevées.

Sect. XIII. — Il est défendu de prendre des huîtres dans les pêcheries communes de l'État, après le coucher et avant le lever du soleil.

Sᴇᴄᴛ. XIV. — Nul, s'il n'est citoyen du Rhode-Island, n'a le droit de pêcher des huîtres ou autres coquillages.

Sᴇᴄᴛ. XV. — Toutes les fois qu'un nouveau banc d'huîtres sera découvert dans les eaux de l'État, les Commissaires des pêcheries de coquillages (1) devront, aussitôt qu'ils en seront informés, procéder à sa visite, et s'ils ne jugent point qu'il puisse encore être exploité, ils feront placer dessus une bouée, qui restera en place jusqu'au moment où l'exploitation pourra en être permise.

Sᴇᴄᴛ. XVI. — Les Commissaires sont tenus de faire connaître, par la voie de l'un des journaux de la ville de Providence, le jour de la mise en place et de l'enlèvement de la bouée, ainsi que les motifs qui les font agir ainsi. Ces avis seront publiés pendant une semaine après la mise en place de la bouée et avant son enlèvement.

Sᴇᴄᴛ. XVII. — Pendant le temps que la bouée restera sur le banc, il est expressément défendu de pêcher des huîtres ou tout autre coquillage. Il est, en outre, interdit d'enlever ou de déplacer la bouée sans l'ordre des Commissaires.

Sᴇᴄᴛ. XVIII. — Quiconque enfreindra les dispositions contenues dans les douzième, treizième, quatorzième et dix-septième sections, sera puni d'une amende de

---

(1) Ces fonctionnaires, au nombre de 5, sont élus annuellement par le vote populaire.

20 dollars pour chaque délit, moitié au profit de l'Etat et moitié au profit de celui qui intentera les poursuites. En outre, les bateaux ou embarcations ayant servi en aucune façon à prendre des huîtres ou coquilles, contrairement aux réglements, seront confisqués avec leur armement et tout ce qui se trouvera à bord.

Sect. XIX. — Tout habitant du Rhode-Island, convaincu d'avoir violé deux fois les dispositions de ce chapitre, sera, en outre de la pénalité encourue, privé du droit de pêcher des huîtres pendant trois ans, sous peine d'un emprisonnement de trente jours pour chaque délit; si le coupable n'est pas citoyen de l'État, il pourra être condamné à un emprisonnement de trois mois au maximum.

———

CHAPITRE XCVII.

Des Pêcheries d'Huîtres appartenant à des Particuliers.

Section 1. — Les Commissaires des pêcheries de coquillages doivent surveiller les pêcheries d'huîtres ou autres mollusques, poursuivre toutes les infractions aux lois et de temps en temps soumettre, à l'assemblée générale, les moyens qui, dans leur opinion, peuvent préserver ces pêcheries, les rendre plus productives et augmenter leur valeur.

Sᴇᴄᴛ. II. — Les commissaires pourront louer au nom de l'État, sous la responsabilité de leur signature et de leur sceau, à toute personne convenable habitant l'État, pour un terme de cinq ans au minimum et de dix ans au maximum, toute espèce de terrain maritime (spécifié dans ces réglements) où n'existe aucun banc d'huîtres naturels, afin d'y établir des lits artificiels d'huîtres, — à la condition, pour le locataire, de se soumettre à toutes les dispositions qui régissent la matière, et à verser annuellement la rente du loyer au trésorier général de l'État.

Sᴇᴄᴛ. III. — Chaque fois qu'un habitant de l'État adressera une demande aux Commissaires pour louer une partie du terrain maritime, pour établir une plantation, ces fonctionnaires, avant d'accorder la demande et d'entrer en pourparlers avec le solliciteur, donneront l'avis public du jour, de l'heure et de l'endroit où se discutera cette affaire et feront la description du terrain demandé. Cet avis sera publié aux frais du solliciteur dans un des journaux de la ville de Providence, deux semaines au moins avant le jour fixé pour l'audience, et toute personne aura le droit de venir développer, devant les Commissaires, les raisons qui pourraient faire rejeter la demande en question.

Sᴇᴄᴛ. IV. — Les Commissaires peuvent quelquefois ajourner une affaire semblable, et assigner les témoins de l'une et l'autre partie, qu'ils croiront nécessaire d'entendre. Ils donneront aux personnes qui se présenteront devant eux, l'avis du moment et de l'endroit où ils prendront une décision, laquelle sera définitive, à moins que l'on ne fasse appel, conformément à ce qui sera indiqué ci-après.

Sect. V. — Toute personne mécontente du jugement rendu par les Commissaires, relativement à la demande d'une concession de pêcherie d'huîtres particulière, peut faire appel de cette décision devant le tribunal compétent, à la première session qui sera tenue dans le comté le plus rapproché de l'endroit ou se trouve la concession demandée.

Sect. VI. — . . .

Sect. VII. — . . .

Sect. VIII. — Les commissaires ne pourront louer, ni remettre en location pour l'établissement de plantations d'huîtres, les terrains maritimes couverts par les eaux où se formeront ou se seront formés des bancs d'huîtres naturels.

Sect. IX. — Personne ne pourra obtenir une concession de plus d'un acre de superficie, ni une compagnie plus d'un acre, par chaque personne qui la compose.

Sect. X. — Le bail sera fait par le locataire, aussi bien que par les Commissaires, en double expédition ; une sera délivrée au locataire, l'autre sera remise par les Commissaires au trésorier général de l'État. Ce bail mentionnera les différentes conditions auxquelles est faite la concession, ainsi que les cas où elle pourra être retirée pour inexécution de conventions stipulées.

Sect. XI. — Avant de signer le bail, les Commissaires pourront, s'ils le jugent convenable, faire arpenter et lever le plan de la concession demandée, auquel cas une copie du travail sera annexée au bail. Dans tous les cas, le terrain, exactement délimité par des bornes, devra être indiqué par une marque placé sur le rivage, et le plus près possible de la concession, le tout installé de manière à ne point gêner la navigation. Le terrain sera, en outre, enclos avec des perches ou bouées placées à 11 yards au maximum de distance l'une de l'autre. — Les bornes, les perches ou les bouées seront renouvelées toutes les fois que les Commissaires le jugeront nécessaire.

Sect. XII. — La rédaction des baux, les plans et l'arpentage de la concession, la mise en place des bornes, l'entourage au moyen des perches ou des bouées, etc., seront établis sous la direction des Commissaires, aux frais du solliciteur. Les Commissaires recevront de cette personne un dollar et demi de vacation par jour, pendant tout le temps qu'ils seront occupés à ces travaux.

Sect. XIII. — Quiconque effacera ou abîmera lesdites marques, ôtera ou détruira les perches ou les bouées, sera puni de 20 dollars d'amende pour chaque contravention, moitié au profit de l'État, et moitié au profit du plaignant. Les délinquants pourront, en outre, être poursuivis en dommages-intérêts, par la partie civile.

Sect. XIV. — Les huîtres placées sur un terrain maritime, concédé comme il vient d'être dit, seront la propriété exclusive du locataire pendant la durée du bail, et les vols ou déprédations qui y seront commises, seront punies de la même manière qu'on punit les actes semblables, dans les propriétés en général. Les propriétaires auront d'ailleurs le droit de poursuivre devant les tribunaux la réparation des torts qui leur auront été faits.

Sect. XV. — De temps à autre, les Commissaires devront s'assurer si les conditions stipulées dans les baux sont remplies avec exactitude et si la rente est régulièrement payée. En cas d'inexécution des conventions stipulées, les concessions seront retirées aux locataires.

Sect. XVI. — Les Commissaires garderont copie des baux qu'ils ont donnés, et le Trésorier général leur signalera, s'il y a lieu, les locataires qui auront négligé d'acquitter leurs rentes depuis quatre semaines après l'échéance.

Sect. XVII. — Les Commissaires sont autorisés à faire, au nom de l'État, les poursuites nécessaires pour faire acquitter les rentes qui ne seront point payées avec exactitude.

Sect. XVIII. — Les Commissaires pourront nommer deux personnes convenables comme gardiens, pour surveiller, pendant les heures qu'ils indiqueront, les pêcheries particulières d'huîtres de la rivière de Providence connues sous le nom de Grand Lit.

Sect. XIX. — Ces gardiens seront nommés pour une année, mais ils pourront être renvoyés par les Commissaires à n'importe quelle époque, pour mauvaise conduite ou négligence dans leur service. Pendant tout le temps de leur mandat, ils auront les pouvoirs de l'autorité des constables de la ville de Providence.

Sɛcᴛ. XX. — Les Commissaires pourront fournir aux gardiens, un bateau avec l'armement nécessaire qui stationnera sur les pêcheries dont il a été question à la section précédente, et la dépense qui en résultera, ainsi que les salaires de ces gardiens, seront payés au moyen d'une taxe prélevée par les Commissaires sur les différents locataires de ces pêcheries.

Sɛcᴛ. XXI. — Les Commissaires devront, pendant une semaine, donner l'avis public de leur intention d'établir cette taxe, et après qu'elle l'aura été, ils devront également donner avis, pendant au moins trois semaines consécutives, du chiffre auquel elle s'élèvera et de l'époque où on devra la payer.

Sɛcᴛ. XXII. — Si un locataire d'une plantation d'huîtres refuse ou néglige de payer ladite taxe aux époques indiquées, les commissaires ont le droit de reprendre son bail et de disposer de la concession en faveur de n'importe qui, en se conformant aux lois, absolument comme si cette concession était vacante (1).

Sɛcᴛ. XXIII. — L'embarcation mentionnée ci-dessus sera la propriété de l'État et sera placée sous la direction des Commissaires.

---

(1) Suivant acte passé en 1860, lorsque la rente n'est pas acquittée, les commissaires retirent la concession et peuvent faire vendre les huîtres en vente publique, en en donnant avis dans un des journaux de la ville de Providence.

Sᴇᴄᴛ. XXIV. — Quiconque prendra des huîtres sur une plantation particulière ou privée, après le coucher du soleil ou avant son lever, sera puni d'une amende de 20 dollars pour chaque offense, et l'embarcation ayant servi à commettre le délit sera confisquée avec tous ses apparaux.

Sᴇᴄᴛ. XXV. — Quiconque sera convaincu d'avoir pris et emporté des huîtres d'une plantation voisine, sera puni d'une amende de 20 à 100 dollars, et à défaut de paiement, sera emprisonné pour un terme n'excédant pas un an.

Sᴇᴄᴛ. XXVI. — Tout locataire d'une concession ou toute personne agissant comme son agent, ayant prêté serment peut, comme un constable spécial, arrêter quiconque sera pris en flagrant délit de vol d'huîtres sur une plantation particulière comprise dans les eaux de l'État, et amener le coupable devant l'autorité compétente, pour qu'il soit jugé conformément aux lois.

Sᴇᴄᴛ. XXVII. — Tout locataire convaincu d'avoir pris des huîtres sur une autre plantation que la sienne, sera privé de sa concession, et toutes les huîtres qui s'y trouvent confisquées au profit de l'État, sans préjudice de la punition encourue pour une telle action.

Sᴇᴄᴛ. XXVIII. — Dans toute plainte, poursuite ou accusation de ce genre, il ne sera pas nécessaire d'affirmer et d'établir à quelle plantation particulière les huîtres ont été dérobées et à qui elles appartiennent.

Sᴇᴄᴛ. XXIX. — Les commissaires, les gardiens ou les planteurs, ayant prêté serment comme constables, ne sont pas tenus, lorsqu'ils font une plainte, de fournir une caution pour le paiement des frais.

SECT. XXX. — Toute personne convaincue d'avoir violé deux fois les dispositions de ce chapitre, sera, en plus de la pénalité encourue, privée pendant trois ans du privilége de pêcher des huîtres dans les eaux de l'État, sous peine d'un emprisonnement de trente jours pour chaque délit.

SECT. XXXI. — Rien, dans ce chapitre, n'empêchera les citoyens de pêcher des clams sur les rivages des eaux de l'État, non mentionnés dans ce réglement.

NODE D

MANIÈRE DE RÉCOLTER LA GLACE

DANS LES LACS DES ENVIRONS DE BOSTON.

» La récolte de la glace se fait en Décembre et Jan-
» vier. A cette époque on peut estimer quel sera le
» rendement des lacs ou étangs. Ceux qui s'occupent
» de cette industrie n'ont pas besoin, comme les agri-
» culteurs, de semer pour avoir des produits : ils n'ont
» qu'à attendre patiemment le travail de la nature, à
» laquelle ils viennent en aide quelquefois, en prati-
» quant des ouvertures dans la surface gelée des lacs,
» afin que l'eau se répande par dessus et que l'épaisseur
» de la glace en soit augmentée. On enlève aussi la
» neige de temps en temps, car elle est nuisible.

» A part ces travaux préparatoires, il n'y a guère
» qu'à attendre l'époque de récolter cette moisson gla-
» cée.

» Quand la glace est en état convenable pour être
» coupée, c'est-à-dire a atteint neuf ou vingt pouces d'é-
» paisseur, suivant qu'elle est destinée à être consom-
» mée dans la contrée ou à être exportée, le propriétaire

» de l'étang fait d'abord enlever la couche de neige (s'il
» en existe), avec une machine en bois traînée par un
» cheval, et la fait mettre en tas sur les limites de sa
» propriété. Cette opération terminée, on enlève la
» neige glacée dont on ne tirerait aucun parti, avec une
» machine de fer, armée d'un instrument tranchant
» en acier trempé. Cette machine, qui est une espèce
» de râcloir, permet d'enlever plusieurs pouces de
» neige glacée.

» La troisième opération consiste à diviser la sur-
» face glacée en parcelles carrées de quatre à cinq
» pieds de côté, au moyen d'un instrument tranchant
» installé sur une machine traînée par un cheval, et se
» manœuvrant à peu près comme une charrue. On
» passe ensuite, dans les sillons qui ont été tracés, un
» autre instrument adapté à une machine traînée éga-
» lement par des chevaux, avec lequel on coupe pro-
» fondément la glace, mais non cependant de manière
» à la diviser entièrement ; il ne reste plus qu'à séparer
» les blocs, avec une scie à main, pour qu'ils puissent
» flotter librement dans les canaux qu'on a pratiqués
» dans la surface de l'étang, pour amener la récolte au
» rivage.

» De la plage on transporte la glace sur des char-
» rettes, ou ce qui est préférable, on la place morceaux
» par morceaux sur un plan incliné, où elle est remon-
» tée par une machine à vapeur jusqu'à une certaine
» élévation, et de là on la dirige à bras d'homme jus-
» qu'à la porte de la glacière, par un plan incliné en

» sens contraire et moins rapide, qui se raccorde avec
» le premier.

» On se sert d'une machine à vapeur pour arrimer
» les blocs dans la glacière, et ce travail se fait aussi
» bien la nuit que le jour, lorsque le temps le permet.

» On estime à Boston que l'emploi des machines et
» de la vapeur, dans les différentes opérations de
» cette industrie, économise au moins 15,000 dollars
» par an ! »

(Extrait du *Merchant's and Commercial Review*,
Août 1858).

NOTE E

SUR LES BATEAUX-VIVIERS

En Europe, ce sont les pêcheurs anglais et hollandais, et notamment ces derniers, qui font le plus fréquent usage des bateaux-viviers. A l'exposition internationale de pêche, qui eut lieu à Amsterdam en 1864, les Hollandais exposèrent deux modèles de bateaux qui sont décrits de la manière suivante, dans le Rapport de la Commission française chargée, par S. E. M. le Ministre de la marine, d'examiner les produits de l'exposition :

« *Bateaux de pêche.* — Les Hollandais exposent trois
» genres de bateaux. Le plus grand, de quatre-vingts à
» cent tonneaux, coûte 7,000 florins, dure dix ans, et
» porte généralement quatre cents barils de cent cin-
» quante kilogrammes pour la préparation du hareng
» ou de la morue. Il fait la pêche toute l'année ; de la
» mi-juin jusqu'à la fin de novembre, il va chercher le
» hareng dans la mer du Nord ; depuis le mois de dé-
» cembre jusqu'à la mi-juin, il pêche la morue à la li-
» gne. Rien n'est oublié dans l'emménagement de ce
» bateau ; il a même sur son avant un réservoir à lam-

» proie, les marins du pays, après des expériences
» pratiquées pendant des années, ayant reconnu que le
» meilleur appât pour prendre la morue était la lam-
» proie, mais la lamproie coupée vivante, et attachée
» toute fraîche à l'hameçon. Au commencement de
» de l'hiver, les négociants font venir leurs lamproies,
» de la Tamise à Rotterdam, par des bateaux à vapeur;
» le poisson, soigneusement placé dans un vivier, sup-
» porte parfaitement ce voyage; il est ensuite dirigé
» dans l'intérieur de la Hollande par des canaux et mis
» dans des réservoirs sur lesquels un homme est cons-
» tamment en faction, se mouvant comme un balan-
» cier, de droite à gauche et de gauche à droite pour
» renouveler l'eau contenue dans le réservoir. Le mo-
» ment de la pêche arrivé, les lamproies sont vendues
» de 20 à 30 florins le cent aux bateaux qui se dirigent
» vers le Dogger-Bank. La morue se montre très-
» friande de cet appât; mais il faut de toute nécessité
» que le morceau attaché à l'hameçon ait été coupé sur
» la lamproie encore vivante; sans cela aucun poisson
» ne mordrait. Quelque abondante que soit la pêche,
» les bénéfices que retirera l'armateur reposent sur la
» plus ou moins grande quantité de morues vivantes
» que rapporteront les marins. Dans le commerce, trois
» poissons morts valent à peine un poisson vivant, et si
» le mort remonte déjà à quelques jours, il faut donner
» au moins quatre morues mortes pour remplacer une
» morue vivante. Les bateaux hollandais ont donc tous
» un vivier qui n'est autre chose que l'espace compris

» entre deux couples, fermé latitudinalement par des
» cloisons étanches et percées d'une foule de petits trous
» donnant à l'eau un libre passage. Ce vivier peut con-
» tenir jusqu'à mille morues vivantes ; les armateurs,
» qui souvent n'entreprennent cette pêche que dans le
» but de vendre le poisson vivant, ont tout intérêt à
» posséder les plus grands viviers possibles. Le prix du
» poisson ainsi rapporté est très-mobile ; on a vu des
» morues se payer jusqu'à 8 florins la pièce, et tom-
» ber le lendemain à 7 centimes, par suite d'une grande
» abondance sur le marché.

» Le deuxième spécimen de bateau exposé par la
» Hollande est un bateau chalutier de Scheveningen,
» pouvant porter environ cent barils de harengs de
» cent cinquante kilogrammes chacun. Il fait les trois
» genres de pêche : il a des filets dérivants pour le ha-
» reng, des lignes pour la morue et pour le poisson frais,
» deux chaluts pouvant fonctionner simultanément. Un
» compartiment étanche placé au milieu du bateau fait
» l'office de vivier ; un tuyau donne l'entrée libre à
» l'eau. Tout autour de la cloison intérieure sont dis-
» posés des crochets destinés à pendre par la queue le
» poisson plat capturé ; avec l'unique tuyau donnant
» passage à la mer, il devient nécessaire, pour la con-
» servation de la pêche, de pendre le poisson plat, qui,
» maître de ses mouvements, ne manquerait pas d'aller
» boucher l'orifice servant à renouveler l'eau. Ce trai-
» tement, auquel on assujettit les poissons plats, ne pa-
» raît abréger en rien leur existence. Tous les bénéfices

» de la pêche sont encore dans la plus ou moins grande
» quantité de poissons vivants rapportés ; jamais un
» Hollandais de bonne maison ne souffrira qu'on lui
» serve sur sa table un poisson qui n'a pas été acheté
» plein de vie. Les chalutiers de Scheveningen jaugent
» trente tonneaux : ils ont quarante pieds de long, dix-
» huit de large, soixante de mât et de cinq creux ; ils sont
» bordés à clin et portent, comme tous les bateaux hol-
» landais, deux dériveux, qui, placés le long du bord,
» servent à leur faire tenir le vent, tout en leur faisant
» perdre beaucoup de vitesse. Cette construction a pour
» motif unique de préserver les bateaux des coups de
» mer, aussitôt que, rentrés au port, ils ont été échoués
» sur le rivage. »

En France, pour conserver vivant le poisson d'eau
douce, on se sert depuis longtemps, sur les fleuves et
rivières, de bateaux-viviers nommés bascules ou boutiques, avec lesquels on peut transporter les carpes, tan-
ches, perches et même les brochets à de grandes distances, pourvu que ces animaux ne soient pas trop entassés. Les orages, le tonnerre, les fortes gelées ou les
crues subites produites par la fonte des neiges, sont les
causes d'insuccès les plus à redouter. On se sert des bateaux en question dans la Saône et le Rhône, notamment dans les parages de la Camargue.

Autrefois les pêcheurs de Dunkerque, à l'imitation
des Hollandais, avaient également des viviers à bord pour
conserver le poisson pris sur le Dogger-Bank, et Duha-
mel, dans le *Traité général des pêches*, constate que de

son temps on en gardait pendant un mois, si les viviers avaient une capacité suffisante. Quelques bateaux avaient un vivier unique, tandis que d'autres l'avaient divisé en plusieurs compartiments pour mettre à part les différentes espèces, et, dans tous les cas, pour pouvoir conserver quelque temps les poissons, on avait soin de leur donner de la nourriture.

COMMERCE DU GIBIER A NEW-YORK

C'est avec raison qu'on peut regarder New-York comme une des villes du monde les mieux approvisionnées en gibier.

La venaison, proprement dite, se trouve sur tous les marchés, en approvisionnements considérables, et le prix en est des plus modérés.

Les perdrix se vendent, en moyenne, à raison de 75 cents la paire.

La saison des bécasses est du 1er juillet au 1er décembre. New-York en reçoit, pendant ce temps, environ cinquante mille; en moyenne elles valent 75 cents la paire.

La caille du pays vaut de 1 dollar à 1 dollar 50 cents la douzaine. En hiver on les traque sur la neige, en quantités immenses, dans les plaines de l'ouest, d'où il en arrive des chargements.

Le coq de Bruyère (grouse) et la poule des prairies ne valent, en hiver, que 1 dollar au maximum la paire, tellement ils sont abondants.

Le canard sauvage, le plus estimé et le plus rare, le célèbre canvass-bach, est acheté au prix de 1 à 2 dollars la paire. C'est le morceau le plus délicat qui figure sur les tables américaines. On estime au moins à cent mille le nombre des canards de toute espèce qui se vendent sur le marché de New-York.

Les pluviers et les bécassines, ces dernières surtout, dont une espèce est de la grosseur de la bécasse, sont très-abondants; ils figurent pour le chiffre de dix mille douzaines environ.

Quant aux pigeons sauvages, on peut se faire une idée de la consommation qui s'en fait à New-York en disant qu'il en arrive, dans un seul jour, pendant la saison, jusqu'à deux mille douzaines. Ils valent 50 cents à 1 dollar et demi la douzaine.

FIN

TABLE DES MATIÈRES

FIN DE LA TABLE

Chez CHALLAMEL aîné, Libraire-Éditeur

COMMISSIONNAIRE POUR LES COLONIES, LA MARINE ET L'ORIENT

30, RUE DES BOULANGERS (5ᵉ Arrondissement).

LES ÉCOLES NAVALES ET LES OFFICIERS DE VAISSEAU, depuis Richelieu jusqu'à nos jours (étude historique), par *J. de Crisenoy,* ancien officier de marine. In-8. **2 fr.**

ÉTUDE SUR L'INDUSTRIE HUITRIÈRE DES ÉTATS-UNIS, faite par ordre de Son Excellence M. le Ministre de la marine et des colonies; suivie de divers aperçus sur l'industrie de la glace en Amérique, les bateaux de pêche pourvus de glacières, les réserves flottantes à poisson, la pêche du maquereau, etc., par *M. P. de Broca,* lieutenant de vaisseau, directeur des mouvements du port du Hâvre. Nouvelle édition, augmentée de documents et de notes, in-18. **3 fr. 50**

NOTICE SUR LES PÊCHES DU DANEMARK, des îles Féroé, de l'Islande et du Groenland, par M. *Irminger,* capitaine de vaisseau, adjudant-général de S. M. le roi de Danemark. Br. in-8. **1 fr.**

NOTICE SUR LE CORPS DES MÉCANICIENS ET OUVRIERS-CHAUFFEURS DE LA FLOTTE. Résumé des conditions d'admission, d'avancement, de solde et de retraite, attribuées aux divers grades. In-8. **75 c.**

LES GRANDES PÊCHES DANS LES MERS POLAIRES, par *J. Layrle,* lieutenant de vaisseau. Br. in-8. **1 fr.**

RAPPORT SUR L'EXPOSITION INTERNATIONALE D'APPAREILS DE PÊCHE D'AMSTERDAM, par *P. Lonquéty* aîné, armateur. In-8, avec vignettes. **1 fr. 50**

NOUVEAU PROCÉDÉ DE LAÇAGE DE FILETS A LA MAIN, par *J. Légal.* Br. in-8, avec vignettes. **75 c.**

STATISTIQUE DE LA JUSTICE MILITAIRE POUR L'ANNÉE 1859, par *A. Trève,* sous-commissaire de la marine. Br. in-8. **75 c.**

L'ENQUÊTE SUR LA MARINE MARCHANDE, par *Léon Renard.* Br. in-8. **1 fr. 25**

RAPPORT SUR LE VOYAGE DU TROIS-MATS LE SUGER, transportant un convoi d'Indiens immigrants de Pondichéry à la Guadeloupe, par *L.-A. Gaigeron,* chirurgien principal de la marine, délégué du Gouvernement. Br. in-8. **1 fr. 25**

NOTICE SUR LA COLONIE DU SÉNÉGAL et sur les pays qui sont en relation avec elle, par le général *Faidherbe,* gouverneur de cette colonie. In-8, avec une carte du Sénégal et du Haut-Niger, dressée sous la direction de l'auteur, par *V.-A. Maltebrun.* **3 fr. 50**

COTE OCCIDENTALE D'AFRIQUE. — COTE-D'OR. — Géographie, commerce, mœurs, par *Peuchgaric,* capitaine au long cours. Br. in-8. **2 fr.**

Contraste insuffisant

NF Z 43-120-14

www.ingramcontent.com/pod-product-compliance
Lightning Source LLC
Chambersburg PA
CBHW061450060726

47597CB00002B/551